Ebinger / Voll

Qualitätsmanagement – So gelingt die Einführung

Ihr Plus – digitale Zusatzinhalte!

Auf unserem Download-Portal finden Sie zu diesem Titel kostenloses Zusatzmaterial. Geben Sie dazu einfach diesen Code ein:

plus-b8c5b-vmz4t

plus.hanser-fachbuch.de

Florian Ebinger
Nadine Voll

Qualitätsmanagement – So gelingt die Einführung

Ein Praxisleitfaden zur Umsetzung der ISO 9001

HANSER

Print-ISBN: 978-3-446-47776-6
E-Book-ISBN: 978-3-446-47847-3
ePub-ISBN: 978-3-446-48006-3

Bibliografische Information der Deutschen Nationalbibliothek:
Die Deutsche Nationalbibliothek verzeichnet diese Publikation in der Deutschen Nationalbibliografie; detaillierte bibliografische Daten sind im Internet unter http://dnb.d-nb.de abrufbar.

www.hanser-fachbuch.de
Lektorat: Lisa Hoffmann-Bäuml
Herstellung: Carolin Benedix
Covergestaltung: Max Kostopoulos
Titelmotiv: © Max Kostopoulos
Satz: Eberl & Koesel Studio, Kempten
Druck: CPI Books GmbH, Leck
Printed in Germany

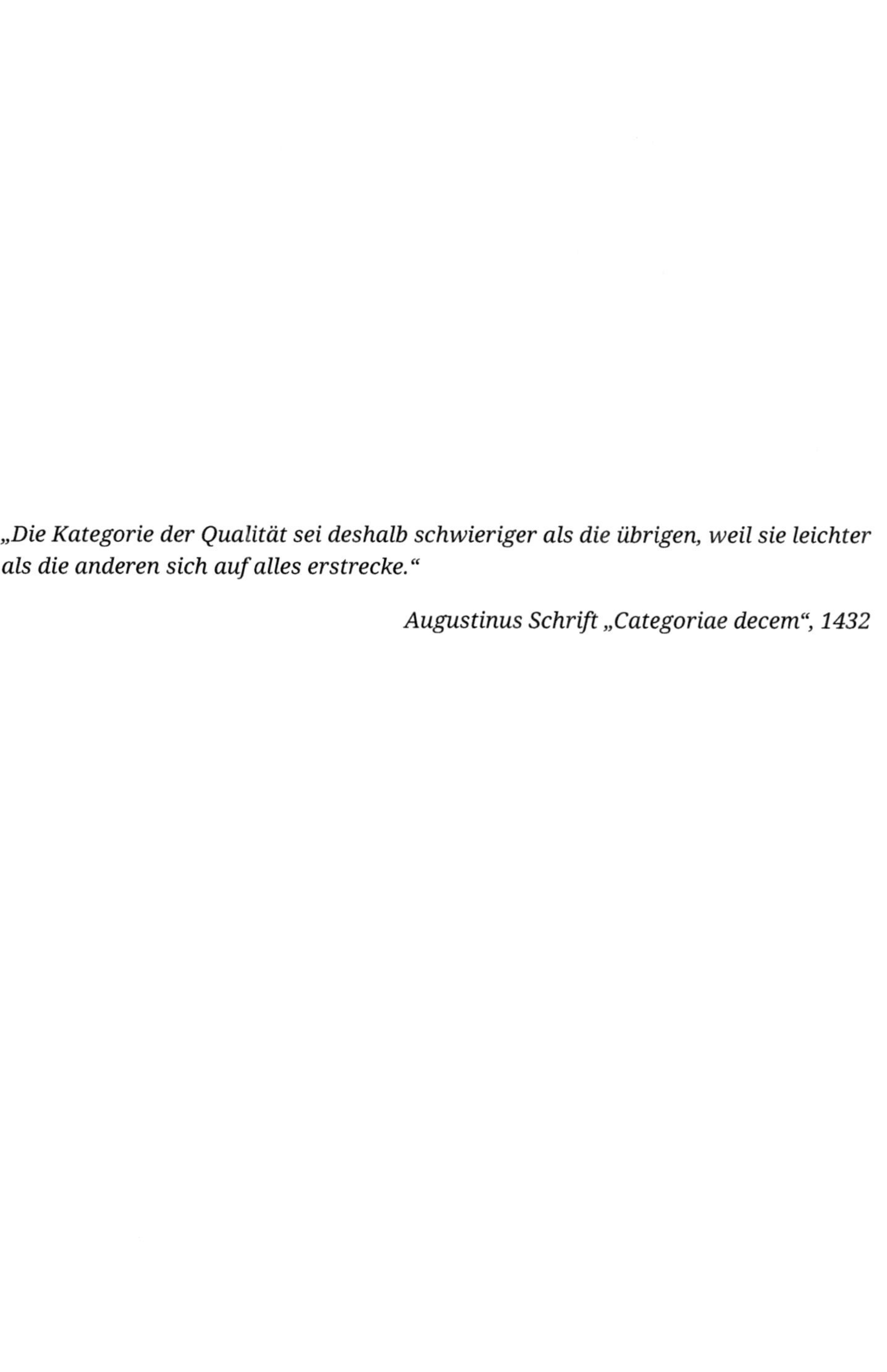

„Die Kategorie der Qualität sei deshalb schwieriger als die übrigen, weil sie leichter als die anderen sich auf alles erstrecke.“

Augustinus Schrift „Categoriae decem“, 1432

Vorwort

Die Qualität eines Produktes oder einer Dienstleistung hat wirtschaftliche, gesetzliche und marketingorientierte Vorteile. Durch die Einführung eines Qualitätsmanagementsystems (QMS) wird langfristig die Qualität des Produktes oder der Dienstleistung, des Herstellungsprozesses und aller Interaktionen, die der Kunde mit dem Unternehmen erfährt, gesichert und optimiert.

Eine Zertifizierung nach der Qualitätsmanagementnorm ISO 9001 weist nach, dass ein Unternehmen qualitätsorientiert handelt. Dieser Nachweis wird immer mehr zum zentralen Faktor dafür, ob Aufträge vergeben werden oder nicht.

Es lohnt sich also in mehrfacher Hinsicht, ein QMS zu implementieren!

Dieses Werk unterstützt Sie Schritt für Schritt bei der Umsetzung eines QMS basierend auf der ISO 9001. Der Leitfaden ist dabei nicht nach den Kapiteln der ISO 9001 aufgebaut, sondern weist eine für die praktische Umsetzung logische Struktur auf. Die vorgeschlagenen Schritte sollen Ihnen als richtungsweisende Anleitung beim Aufbau eines QMS dienen. An einigen Punkten dieses Leitfadens kann es für Ihr Unternehmen aber auch zweckmäßig sein, von der in diesem Leitfaden vorgeschlagenen Vorgehensweise abzuweichen.

Qualitätsmanagement ist eine Organisationsaufgabe, die mit viel Dokumentation verbunden ist. Der Leitfaden inkludiert daher auch Vorlagen, die mit den Microsoft-Office-Programmen geöffnet und bearbeitet werden können. Dieses Vorgehen eignet sich aufgrund der einfachen Verwendung der Microsoft-Office-Programme und der damit verbundenen geringen Investition.

Wir haben versucht, so konkret, so knapp und so umsetzungsorientiert wie möglich zu sein, und wünschen Ihnen eine erfolgreiche Umsetzung!

Herbst 2023

Florian Ebinger

Nadine Voll

Zum Aufbau des Buches

Basis des Leitfadens ist die ISO 9001:2015. Der Aufbau orientiert sich dabei an der praktischen Umsetzbarkeit und nicht an der Struktur der Norm. Besteht ein direkter Bezug zur Norm, so wird dieser Bezug zur Normanforderung oder zu den Normanforderungen wie folgt dargestellt:

ISO 9001:2015: Abschnittsverweis(e)

Zu Beginn jedes Kapitels wird die Thematik und Relevanz der Tätigkeiten erläutert. Daraufhin wird ein konkretes methodisches Vorgehen dargestellt. Am Ende jedes Unterkapitels werden die Aufgabenschritte in Kurzform beschrieben sowie Angaben zu den mitwirkenden Abteilungen, dem Zeitpunkt der Umsetzung und den anzuwendenden Vorlagen wie folgt zusammengefasst:

Umsetzungshinweis

Zusammenfassung der zu erledigenden Tätigkeiten.

Schritt:	0.0
Überschrift des Kapitels	
Mitwirkend:	Positionsbezeichnung/Abteilung
Zeitpunkt:	Zeitpunkt der Umsetzung in Bezug auf den Aufbau des QMS oder den Produktlebenszyklus
Vorlagen:	00_Vorlage

Die Vorlagen sind Musterformulare, die Sie individuell an Ihre Bedürfnisse anpassen können. Sie stehen unter *plus.hanser-fachbuch.de* zum Download zur Verfügung. Im Leitfaden sind Vorlagen wie folgt gekennzeichnet: 00_Vorlage. Die Microsoft-Office-Programmpalette eignet sich zur Dokumentation des QMS aufgrund der weiten standardmäßigen Verbreitung der Programme sowie der einfachen Integrier- und Anwendbarkeit. Passen Sie die Dokumente an den Bedarf Ihres Unternehmens an und sichern Sie die Vorlagen in einem Vorlagenpool. Sichern Sie die Vorlagendokumente nach Ausfüllen unter einer eindeutigen und stringenten Bezeichnung an einem geeigneten Ort, und stellen Sie auch die notwendigen Zugriff- und Schreibschutzoptionen sicher.

Für die Durchführung der einzelnen Schritte ist der Qualitätsmanagementbeauftragte (QMB) verantwortlich. Dieser koordiniert auch die mitwirkenden Abteilungen. Die weiteren Aufgaben des QMB werden in Abschnitt 2.1 näher erläutert.

Folgender Kasten weist auf die Notwendigkeit einer dokumentierten Information bzw. auf die Dokumente hin, die Sie in Ihrem Qualitätsmanagementhandbuch (QMH) zusammenfassen sollten:

Dokumentierte Information/QMH

Notwendige Dokumentation

In dem QMH werden die wichtigsten organisatorischen Elemente des QMS des Unternehmens beschrieben (Brunner & Wagner, 2016, S. 88 – 93). Es dient somit der Vorlage vor Kunden sowie der Einarbeitung neuer Mitarbeitender. Das Dokument kann mithilfe der Vorlage „01_Qualitätsmanagementhandbuch“ erstellt werden. Am Ende jedes Kapitels wird zusammenfassend beschrieben, welche Inhalte Sie in Ihr QMH in Bezug auf die Kapitelinhalte eintragen und welche Dokumente Sie verlinken sollen.

Aus Gründen der besseren Lesbarkeit wird bei Personenbezeichnungen und personenbezogenen Hauptwörtern die männliche Form verwendet. Entsprechende Begriffe gelten im Sinne der Gleichbehandlung grundsätzlich für alle Geschlechter. Die verkürzte Sprachform hat nur redaktionelle Gründe und beinhaltet keine Wertung.

Inhalt

1 Einführung in das Qualitätsmanagement

Die erfolgreiche Umsetzung eines QMS ist davon abhängig, ob die Beteiligten es mittragen oder nicht. Beziehen Sie so viele Personen in Ihrem Unternehmen in die Entwicklung des QMS mit ein wie möglich. Dies resultiert in der Regel in einem besseren Teamgeist, differenzierteren Ergebnissen und mehr Akzeptanz gegenüber den Ergebnissen. Zudem fördern Sie das Verständnis der Personen im Unternehmen für das QMS.

Das folgende Kapitel vermittelt die Grundlagen des Qualitätsmanagements, die notwendig sind, um ein bedarfsgerechtes QMS zu entwickeln. Das Qualitätsmanagement ist ein Teil des Unternehmensmanagements und eng mit dem Prozessmanagement verbunden (Brüggemann & Bremer, 2020, S. 124). Dazu gehört die Planung, Führung und Steuerung aller Tätigkeiten einer Organisation in Bezug auf Qualität, um im Vorfeld sicherzustellen, dass die Prozessschritte die vorgesehenen Ergebnisse erreichen (Herrmann & Fritz, 2021, S. 24 – 26).

1.1 Normen und Standards

Die Qualitätsnormenfamilie ISO 9000 ff. hat sich in der Industrie zum Standard entwickelt (Horner & Grabski, 2020). Sie ist international in allen Wirtschaftsbereichen verbreitet (Tabelle 1.1).

Tabelle 1.1 Nummer und Titel der Qualitätsmanagementnormen der Familie ISO 9000 ff.

Normnummer	Titel
DIN EN ISO 9000:2015	Qualitätsmanagementsysteme – Grundlagen und Begriffe
DIN EN ISO 9001:2015	Qualitätsmanagementsysteme – Anforderungen
DIN EN ISO 9004:2015	Qualitätsmanagement – Qualität einer Organisation – Anleitung zum Erreichen nachhaltigen Erfolgs

Die Normen wurden auf internationaler Ebene von der International Organization for Standardization (ISO) erarbeitet und von der Europäischen Norm (EN) sowie dem Deutschen Institut für Normung e. V. (DIN) übersetzt und übernommen. Der Einfachheit halber wird im Folgenden der Begriff ISO verwendet.

Die Normen der ISO 9000 ff. sind sehr allgemein gehalten und somit für alle Branchen einsetzbar (Buchner, 1999, S. 42 – 43). Normen sind Sammlungen mit Regeln und Richtlinien zu einem bestimmten Themengebiet, die in anerkannten Normungsgremien durch Experten der interessierten Kreise entwickelt werden. Ihre Anwendung ist in der Regel freiwillig. Die Anwendung der ISO 9001 wird jedoch in vielen Wirtschaftsbereichen als Bedingung für eine Lieferantenbeziehung gefordert. In der ISO 9000 sind grundlegende Begriffe definiert und sieben Grundsätze für das Qualitätsmanagement aufgestellt (Tabelle 1.2).

Tabelle 1.2 Grundsätze des Qualitätsmanagements nach ISO 9000 (in Anlehnung an: DIN, 2015a, S. 14 – 22)

Nr.	Grundsatz	Erläuterung
1	Kundenorientierung	Jede Organisation ist von ihren Kunden abhängig und muss sich aus diesem Grund an ihnen orientieren. Das heißt, ihre Anforderungen verstehen und erfüllen sowie ihre Erwartungen übertreffen.
2	Führung	Die Führungskräfte müssen die Bedingungen schaffen, um die Qualitätsziele zu erfüllen. Dazu zählt sowohl die Bereitstellung von notwendigen Ressourcen und Schulungen als auch die Motivation der Mitarbeitenden.
3	Engagement von Personen	Um die Organisation wirksam und effizient zu steuern, sind kompetente, befugte und engagierte Personen in der Organisation notwendig. Aus diesem Grund müssen alle Personen ins QMS einbezogen werden.

Nr.	Grundsatz	Erläuterung
4	Prozessorientierter Ansatz	Die Tätigkeiten innerhalb des QMS müssen als zusammenhängende Prozesse verstanden werden. So können Optimierungspotenziale des Systems und seiner Prozesse erkannt werden.
5	Verbesserung	Da sich das Umfeld ständig weiterentwickelt, müssen Organisationen sich fortlaufend verbessern, um ihr gegenwärtiges Leistungsniveau aufrechtzuerhalten (DIN, 2015a, S. 18 – 19). Dazu gehört sowohl die Weiterentwicklung der Produkte und Dienstleistungen als auch des QMS.
6	Faktengestützte Entscheidungsfindung	Entscheidungen müssen auf Grundlage von objektiven Daten geschehen. Das heißt, die Analyse und Auswertung von Messdaten zur Messung der Qualität eines Objektes sind notwendig.
7	Beziehungsmanagement	Da relevante interessierte Parteien für den Erfolg oder Misserfolg einer Organisation verantwortlich sein können, ist es notwendig, die Beziehungen zu ihren Anbietern und Partnernetzwerken so zu pflegen, dass sie für beide Seiten wertschöpfend ist.

Die ISO 9001 stellt ein Modell für ein QMS vor, in dem die Norm Anforderungen an das QMS definiert. Ein QMS wird in der ISO 9000 als

> *„Tätigkeiten, mit denen die Organisation ihre Ziele ermittelt und die Prozesse und Ressourcen bestimmt, die zum Erreichen der gewünschten Ergebnisse erforderlich sind"*

definiert (DIN, 2015a, S. 36). Intern werden eindeutige Organisationsstrukturen, klare Verantwortlichkeiten und Zuständigkeiten sowie geregelte Abläufe und Verfahren generiert.

Als Nachweis der Anwendung der ISO 9001 wird durch ein unabhängiges, akkreditiertes Zertifizierungsinstitut eine Prüfung der Unternehmensdokumente, ein sogenanntes Dokumentenaudit, sowie eine Prüfung der Unternehmensabläufe vor Ort durchgeführt (Brunner & Wagner, 2016, S. 125 – 127). Die Erstzertifizierung kann je nach Unternehmensgröße und Zertifizierungsinstitut von 1600 € bis zu 11 000 € kosten und besitzt eine Gültigkeit von drei Jahren (Grosser). Dabei wird von dem Zertifizierungsinstitut jedes Jahr ein kostenpflichtiges Überwachungsaudit durchgeführt. Nach Ablauf der Zertifikatsgültigkeit wird eine Rezertifizierung durchgeführt.

Der vorliegende Leitfaden enthält alle Schritte, die notwendig sind, um ein QMS nach ISO 9001 zu entwickeln. Für ein besseres Verständnis der Norm ist die Durcharbeitung der deutschen Originalausgabe der Norm der „DIN EN ISO 9001:2015", herausgegeben vom Beuth Verlag, zu empfehlen. Einen groben ersten Überblick über die Norminhalte gibt Bild 1.1.

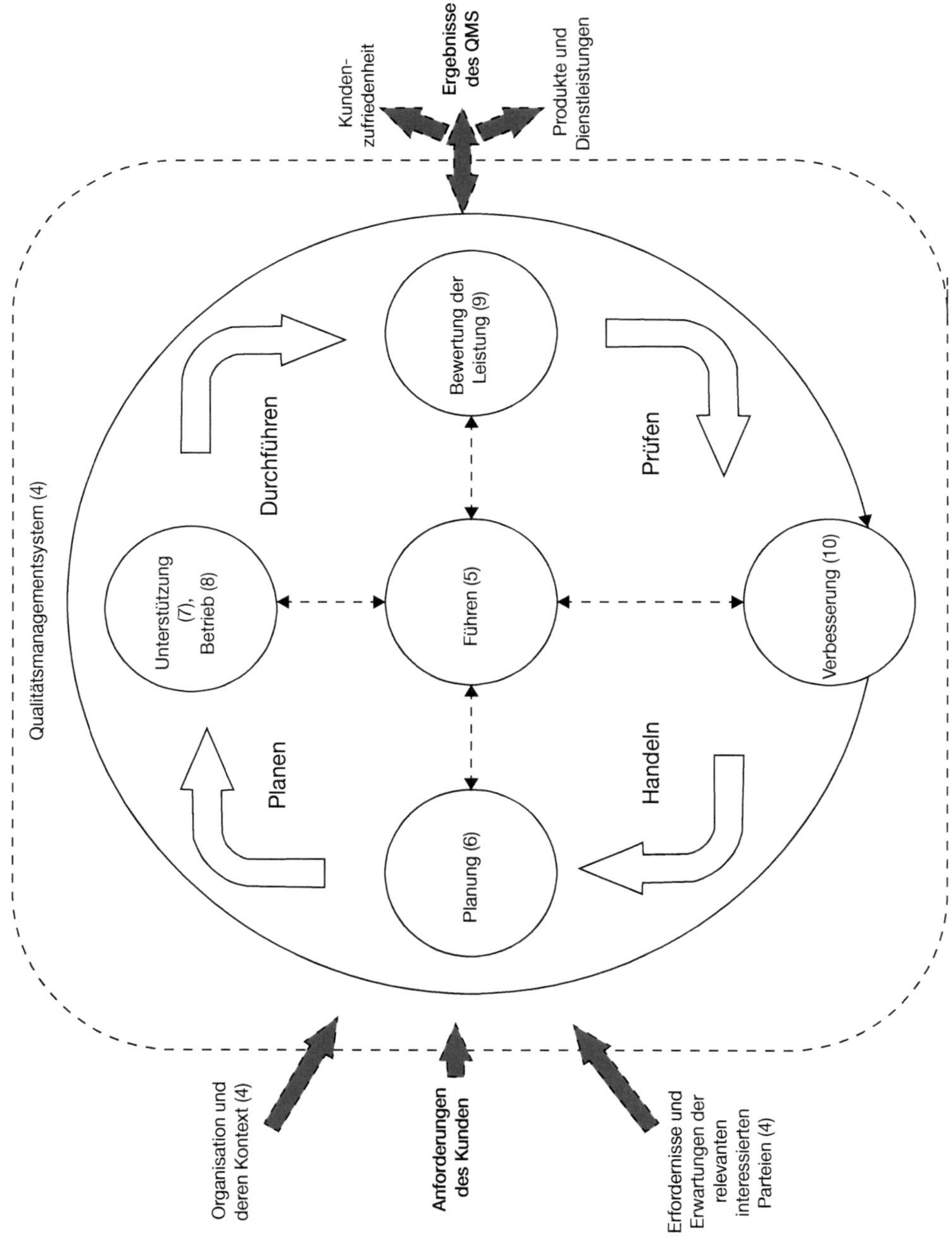

Bild 1.1 Inhaltliche Struktur der ISO 9001:2015 (in Anlehnung an: DIN, 2015b, S. 13)

Während die ISO 9001 die verpflichtende Grundlage für eine Zertifizierung darstellt, gilt die ISO 9004 als nicht zertifizierbare freiwillige Erweiterung dieser (Herrmann & Fritz, 2021, S. 275 – 276). Die ISO 9004 ist dem Managementkonzept des Total Quality Managements (TQM, dt. umfassendes Qualitätsmanagement) angenähert.

TQM ist ein umfassendes Konzept, bei dem die Anforderungen aller Interessensgruppen behandelt werden (EFQM, 2021, S. 2 – 9). Dazu gehören Kunden, Mitarbeitende, wirtschaftliche und regulatorische Interessensgruppen, die Gesellschaft sowie die Geschäftspartner und die Lieferanten. Ein verbreitetes QMS nach dem TQM-Ansatz ist das Modell der European Foundation of Quality Management (EFQM-Modell). Eine Zertifizierung nach dem Modell ist nicht möglich, jedoch werden TQM-bezogene Auszeichnungen verliehen (Horner & Grabski, 2020). Ein nach ISO 9001 zertifiziertes QMS ist die Ausgangsbasis für die Etablierung des TQM-Konzeptes im Unternehmen.

1.2 Begriffe des Qualitätsmanagements

1.2.1 Qualität

Qualität ist ein wertneutraler Begriff und wird vom lateinischen Begriff „qualitas“ (dt. Beschaffenheit) abgeleitet (Herrmann & Fritz, 2021, S. 32). Das DIN verwendet in der ISO 9000, anstatt der Bezeichnung Eigenschaft den Begriff Merkmal (DIN, 2015a, S. 38 – 39, 52 – 53). In der Norm wird Qualität einheitlich und international als

„Grad, in dem ein Satz inhärenter Merkmale eines Objekts Anforderungen erfüllt“

definiert. Ein inhärentes Merkmal ist einem Objekt innewohnend, das heißt, aufgrund seiner realisierten Beschaffenheit, in ihm enthalten und kann nicht ohne weitere Bearbeitung ausgetauscht werden. Ein Objekt kann eine Einheit, ein Gegenstand oder etwas Wahrnehmbares und Vorstellbares sein. Darunter fallen beispielsweise Produkte, Dienstleistungen, Prozesse, Personen, Organisationen, Systeme und Ressourcen.

Qualität ist somit das Ausmaß, in dem ein Produkt mit den vorgegebenen Anforderungen übereinstimmt (Brüggemann & Bremer, 2020, S. 4). Es handelt sich bei Qualität nicht um eine physikalische, messbare Größe. Bestimmbar ist der Grad der Erfüllung der Einzelanforderungen. Hierbei wird jedoch nicht das Fehlen oder Vorhandensein von Qualität bezüglich einer Anforderung bestätigt, sondern eine Ausprägung zwischen „gut“ und „schlecht“ (Herrmann & Fritz, 2021, S. 32).

1.2.2 Merkmal

Gemäß Norm ist ein Merkmal eine „kennzeichnende Eigenschaft" (DIN, 2015a, S. 52 – 53). Merkmale können als inhärent oder zugeordnet sowie als qualitativ oder quantitativ kategorisiert werden.

Ein inhärentes Merkmal beschreibt die Beschaffenheit eines Objektes und kann nicht ohne weitere Bearbeitung ausgetauscht werden (DIN, 2015a, S. 52 – 53). Zugeordnete Merkmale wiederum sind leicht austauschbar, wie beispielsweise Bezeichnung und Preis eines Objektes.

Quantitative Merkmale enthalten Merkmalswerte, die in Zahlen ausgedrückt und auf einer metrischen Skala aufgetragen werden können (Herrmann & Fritz, 2021, S. 38 – 40). Ein Merkmalswert beschreibt die Ausprägung eines Merkmals.

Qualitative Merkmale beziehen sich nicht auf die Anzahl, Menge oder Größe von etwas (Padberg & Wilrich, 1981, S. 179 – 183). Der Begriff qualitativ ist nicht mit dem Begriff Qualität zu assoziieren, sondern bedeutet in diesem Zusammenhang lediglich „nicht quantitativ".

Mit quantitativen Merkmalswerten lassen sich Unterschiede zwischen den Werten feststellen, die Unterschiede mehrerer Werte miteinander vergleichen und Verhältnisse zwischeneinander bilden (Herrmann & Fritz, 2021, S. 39 – 40). Qualitative Merkmale lassen ausschließlich eine Unterscheidung unter den Werten zu. Aus diesem Grund werden quantitative Werte im Qualitätsmanagement in der Regel bevorzugt.

1.2.3 Anforderung

Laut DIN (2015a, S. 39 – 40) werden Anforderungen in folgende drei Kategorien unterteilt:

- Festgelegt
- Vorausgesetzt
- Verpflichtend

Eine festgelegte Anforderung ist explizit zwischen Lieferant und Kunde kommuniziert sowie zum Beispiel im Lastenheft dokumentiert (Jakoby, 2019, S. 10). Ein Lastenheft enthält optimalerweise alle festgelegten Anforderungen des Kunden an das zu entwickelnde Objekt (Hinsch, 2019, S. 76). Üblicherweise vorausgesetzte Anforderungen beziehen sich auf selbstverständliche Anforderungen, die allgemein dem Stand der Technik entsprechen (Jakoby, 2019, S. 10 – 11). Anforderungen vom Gesetzgeber oder dem Staat sowie innerhalb der Organisation geltende Vorschriften gehören zu den verpflichtenden Anforderungen.

Die Anforderungen können demnach von der Organisation selbst, von den Kunden oder von anderen interessierten Parteien aufgestellt werden (Herrmann & Fritz, 2021, S. 49 – 50). Zu den interessierten Parteien gehören Kunden, Lieferanten, Mitarbeitende, Kapitalgeber und Gesellschaft.

1.2.4 Kundenzufriedenheit

Die Kundenzufriedenheit ist eine subjektive Wahrnehmung des Erfüllungsgrades der Kundenerwartungen (Herrmann & Fritz, 2021, S. 64 – 67). Dieselben Objekte können also von verschiedenen Kunden anders wahrgenommen und bewertet werden.

Das DIN (2015a, S. 13) formuliert den Zusammenhang von Kundenzufriedenheit und Qualität wie folgt:

> *„Der Hauptschwerpunkt des Qualitätsmanagements liegt in der Erfüllung der Kundenanforderungen und dem Bestreben, die Kundenerwartungen zu übertreffen.“*

Das heißt, ein Kunde ist dann zufrieden, wenn seine Anforderungen an das Objekt vollkommen erfüllt werden (Herrmann & Fritz, 2021, S. 64 – 66). Um eine hohe Kundenzufriedenheit zu erreichen, kann es notwendig sein, Kundenerwartungen zu übertreffen und folglich Kundenanforderungen zu erfüllen, die weder festgelegt noch üblicherweise vorausgesetzt oder verpflichtend sind. Es ist also möglich, dass der Kunde sich seiner Erwartungen selbst nicht bewusst ist. Zudem ist der Kunde meist nicht in der Lage dazu, das gewünschte Objekt vollständig zu spezifizieren und zu beschreiben.

Reklamationen sind laut DIN (2015a, S. 51) als direkter Ausdruck von Kundenunzufriedenheit zu bewerten. Ein Fehlen von Reklamationen kann jedoch nicht als Zeichen für Kundenzufriedenheit gesehen werden (Herrmann & Fritz, 2021, S. 67 – 70, 73). Häufig beschweren sich lediglich 1 % bis 5 % der unzufriedenen Kunden. Die Kundenzufriedenheit hat eine wichtige Bedeutung für den wirtschaftlichen Erfolg einer Organisation. Zufriedene Kunden sind loyal und kaufen in der Regel immer wieder beim selben Anbieter.

1.2.5 Fehler und Nichtkonformität

In der ISO 9001 wird der Begriff Nichtkonformität für Fehler verwendet (DIN, 2015a, S. 40). Nichtkonformität wird von dem DIN als

> *„Nichterfüllung einer Anforderung“*

definiert.

Fehler sind unerwünscht und können dem Ruf der Organisation schaden, die Zufriedenheit der Kunden mindern oder im schlimmsten Fall zum Verlust der Kunden führen (Brückner, 2021, S. 12 – 15). Sie sind in der Regel nicht direkt auf eine Ursache oder einen Menschen zurückzuführen, sondern basieren auf aneinandergereihten Ergebnissen mit systemischen oder persönlichen Ursachen.

Man unterscheidet zwischen internen und externen Fehlern (Linß, 2018, S. 409 – 410). Interne Fehler werden entdeckt, bevor die Kunden involviert werden. Externe Fehler werden erst nach Auslieferung an die Kunden erkannt und führen zu Reklamationen.

Darüber hinaus ist es notwendig, für die Generierung von Lösungsmethoden die Fehler nach ihren Auswirkungen zu gewichten (Brückner, 2021, S. 17). In diesem Zusammenhang werden Fehler in kritische, Haupt- und Nebenfehler klassifiziert (Tabelle 1.3).

Tabelle 1.3 Fehlerklassifizierung in kritische, Haupt- und Nebenfehler (in Anlehnung an: Brückner, 2021a, S. 17)

Fehlerklasse	Erläuterung	Behandlung
Kritische Fehler	Abweichung gefährdet Menschen oder verursacht hohen Schaden oder Kosten	Keine Weitergabe oder Auslieferung, sofortige Korrektur des Produktionsprozesses
Hauptfehler	Funktion des Produktes wesentlich beeinträchtigt	Keine Weitergabe oder Auslieferung, sofortige Korrektur des Produktionsprozesses
Nebenfehler	Funktion des Produktes geringfügig beeinträchtigt	Je nach spezifischer Beurteilung: Weiterbearbeitung

Ein wichtiger Bestandteil des Qualitätsmanagements ist die Abstellung von auftretenden Fehlern (Herrmann & Fritz, 2021, S. 145 – 149). Die Fehlerbehandlung erfolgt über Vorbeugungs- und Korrekturmaßnahmen (Brückner, 2021, S. 11 – 12). Im besten Fall werden Fehler bereits im Vorfeld vermieden. Um dies gewährleisten zu können, müssen Fehler dokumentiert sowie Problemanalysen und Korrekturmaßnahmen durchgeführt werden. Hierzu werden strukturierte Vorgehensweisen, sogenannte Problemlösungsmodelle angewandt (Herrmann & Fritz, 2021, S. 145 – 149).

1.3 Bestandteile des Qualitätsmanagements

Qualitätsmanagement ist Teil des gesamten Organisationsmanagements und umfasst aufeinander abgestimmte Tätigkeiten zum Führen und Steuern einer Organisation bezüglich ihrer Qualitätsziele (DIN, 2015a, S. 31). Um als Organisation dauerhaft fehlerfreie Objekte guter Qualität zu liefern, ist es notwendig, die Prozesse über den gesamten Objektentstehungsprozess systematisch zu planen und zu steuern (Deutsche Gesellschaft für Qualität e. V., 2009). Die Qualität der Endobjekte zu prüfen, ist nicht ausreichend (Herrmann & Fritz, 2021, S. 20 – 26). Es ist erforderlich, im Vorfeld sicherzustellen, dass die Prozessschritte die vorgesehenen Ergebnisse erreichen.

Das Qualitätsmanagement lässt sich in vier Haupttätigkeitsbereiche einteilen (DIN, 2015a, S. 31):

- Qualitätsplanung
- Qualitätssicherung
- Qualitätssteuerung
- Qualitätsverbesserung

Häufig stellen diese Tätigkeitsbereiche Funktionen in Organisationen dar (Jobs, 2016, S. 109 – 110). Die Zuständigkeiten und Aufgaben der einzelnen Bereiche sind jedoch in der Literatur und in unterschiedlichen Organisationen verschieden ausgelegt, da die ISO 9000 in Bezug auf diese Begrifflichkeiten viel Interpretationsfreiraum lässt.

1.3.1 Qualitätsplanung

Qualitätsplanung beinhaltet sowohl strategische als auch operative Maßnahmen (Jobs, 2016, S. 110). Zum einen werden bei der Neuentwicklung eines QMS in einer Organisation die richtungsweisende Qualitätspolitik und die Qualitätsziele formuliert sowie Prozesse festgelegt (Herrmann & Fritz, 2021, S. 17 – 20).

Die Qualitätspolitik stellt die Grundlage für das zentrale Qualitätsverständnis in der Organisation dar (Brunner & Wagner, 2016, S. 5). Sie wird der Vision und Mission der Organisation angepasst und bildet den Rahmen zur Festlegung der Qualitätsziele. Qualitätsziele sollen angeben, was die Organisation mit der Einführung eines Qualitätsmanagements erzielen will.

Zum anderen werden die Qualitätsanforderungen an das zu entwickelnde Objekt in der Entwicklungsphase festgelegt (Jobs, 2016, S. 110 – 111). Auf dieser operativen Ebene ist technisches Fachwissen notwendig. Die Kundenerwartungen und -anforderungen werden festgestellt und in einem Lastenheft festgehalten. Daraus werden die Objektmerkmale abgeleitet und in einem Pflichtenheft notiert. Die Fertigungsprozesse werden geplant und über Arbeits- und Prüfpläne dokumentiert.

1.3.2 Qualitätssicherung

Als Qualitätssicherung wird der Teilbereich des Qualitätsmanagements verstanden, der darauf ausgelegt ist, Vertrauen in die Fähigkeit der Organisation zu erzeugen (DIN, 2015a, S. 31).

Einerseits umfasst sie die Qualitätsmanagementdarlegung (Geiger & Kotte, 2008, S. 204). Hierzu zählen die Tätigkeiten, durch die das QMS der Organisation dargestellt werden. Dies betrifft die Qualitätsdokumentation und Qualitätsaudits.

Dokumentierte Information/QMH

Die Dokumentation besteht aus dem Qualitätsmanagementhandbuch (QMH), den Prozessbeschreibungen sowie den Arbeits- und Prüfanweisungen (Brüggemann & Bremer, 2020, S. 133). Im QMH sollen für interne sowie externe Zwecke die Qualitätspolitik und die wichtigsten organisatorischen Elemente des QMS beschrieben werden (Brunner & Wagner, 2016, S. 88 – 93). Die Prozessbeschreibungen sind für interne Zwecke gedacht und halten die Abläufe in der Organisation fest.

Die ISO 9001 verlangt kein QMH, sondern eine dokumentierte Information. Wir empfehlen allerdings die Umsetzung eines entsprechenden Handbuchs.

Ein Qualitätsaudit ist eine unabhängige Qualitätsprüfung im Auftrag der Unternehmensführung, um sicherzustellen, dass qualitätsbezogene Anforderungen erfüllt werden (Linß, 2018, S. 571).

Andererseits zählen die klassischen Qualitätsprüfungen zum Instrument der Qualitätssicherung (Jobs, 2016, S. 115). Durch Filtern und Aussortieren der Ergebnisse werden fehlerfreie Objekte ausgeliefert.

1.3.3 Qualitätssteuerung

Qualitätssteuerung umfasst „planende, lenkende, filternde oder korrigierende Tätigkeiten während der Erstellung der Produkte und Dienstleistungen“, um die Qualitätsanforderungen konform zu verwirklichen (Jobs, 2016, S. 112 – 113). Hierzu gehören präventive Maßnahmen während des Entwicklungsprozesses sowie reaktive Maßnahmen während des Herstellungsprozesses. Ziel der Qualitätssteuerung sind beherrschte und fähige Prozesse.

Ein beherrschter Prozess liefert Ergebnisse, die sich nicht oder nur innerhalb vorhersehbarer Grenzen verändern (Geiger & Kotte, 2008, S. 385). Fähig ist ein Prozess, wenn die Ergebnisse größtenteils innerhalb der Toleranzen liegen (Brüggemann & Bremer, 2020, S. 107).

1.3.4 Qualitätsverbesserung

Die Qualitätsverbesserung ist darauf ausgerichtet, alle Prozesse und Tätigkeiten, die die Objektqualität beeinflussen, in kleinen Schritten zu verbessern, um ausschließlich fehlerfreie Objekte zu erzeugen (DIN, 2015a, S. 32). Die kontinuierliche Verbesserung ist eine wichtige Grundlage im Qualitätsmanagement (Herrmann & Fritz, 2021, S. 20 – 26, 150). Durch sie werden bestehende Prozesse in allen Organisationsbereichen stetig hinterfragt und verbessert. So fließen gemachte Erfahrungen in die erneute Planung ein.

Ein universelles Konzept im kontinuierlichen Verbesserungsprozess stellt der sogenannte PDCA-Zyklus dar (Bild 1.2). PDCA ist ein Akronym aus den Begriffen „plan" (dt. planen), „do" (dt. ausführen), „check" (dt. überprüfen) und „act" (dt. anpassen).

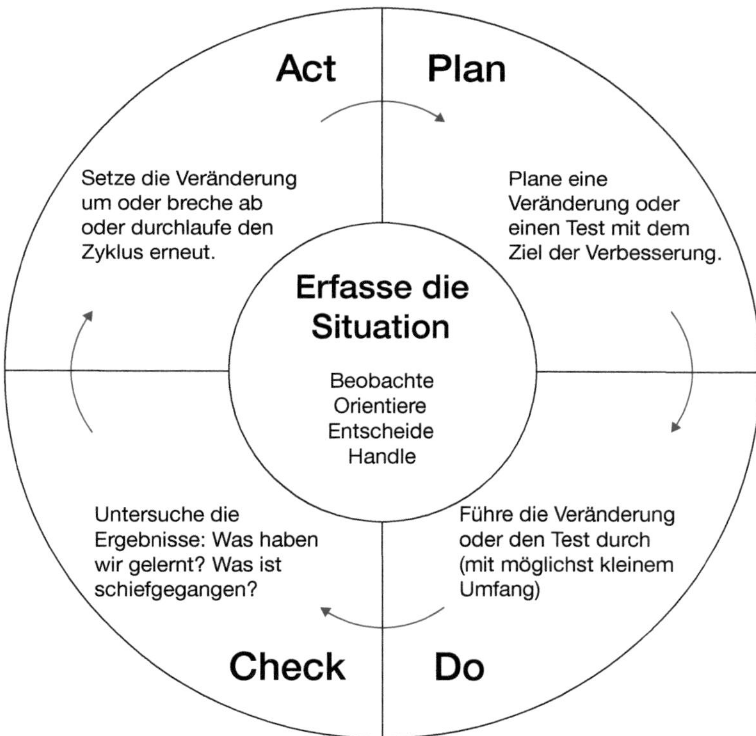

Bild 1.2 Erläuterung des PDCA-Zyklus (in Anlehnung an: Deming, 2000, S. 81)

1.4 Essenzielle Kreativitätstechniken

Im Qualitätsmanagement werden essenzielle Kreativitätstechniken angewandt, um Ideen, Argumente und Lösungsvorschläge zu einem bestimmten Sachverhalt zu erzeugen (Kamiske, 2015, S. 224). Im weitesten Sinne werden die Kreativitätstechniken zu den Qualitätswerkzeugen gezählt (Linß, 2018, S. 164). Im Folgenden werden vier häufig verwendete und universelle Kreativitätstechniken vorgestellt, die Sie unterstützend zu den vorgeschlagenen Qualitätswerkzeugen einsetzen können. An einigen Stellen des Leitfadens wird in den Kapitelzusammenfassungen die Anwendung einer bestimmten Kreativitätstechnik vorgeschlagen:

- **Brainstorming**

  Im Rahmen vieler Besprechungen in kleinen Gruppen wird zur Ideenfindung die Kreativtechnik Brainstorming angewendet. Beim Brainstorming werden die Ideen der Teammitglieder ungefiltert geäußert und notiert (Lungershausen, 2021, S. 72). Die Äußerungen der Teammitglieder sollen jeweils aufgegriffen und weitergeführt werden. Anschließend werden die Ideen im Team bewertet und nach deren Bedeutung aussortiert.

  Die Technik ist sehr einfach und ohne Material anwendbar (Kamiske, 2015, S. 224). Brainstorming wird in der Regel im Zusammenhang fast aller Qualitätswerkzeuge verwendet, wenn die Generation von Ideen gefordert ist.

- **Brainwriting**

  Brainwriting stellt die schriftliche Variante des Brainstormings dar (Linß, 2018, S. 182). Hierbei sitzen die Teilnehmenden an einem Tisch, in dessen Mitte sich Blankokarten befinden. Jeder Teilnehmende schreibt jede seiner Ideen auf jeweils eine Karte. Die Karten werden dann von allen eingesehen und die beschriebenen Ideen gemeinsam weiterentwickelt.

  Die Technik ermöglicht die Anwendung in größeren Gruppen und berücksichtigt beispielsweise introvertierte oder langsame Personen (Lungershausen, 2021, S. 154).

- **Mindmap**

  Für die Visualisierung und gleichzeitige Vorstrukturierung von Gedanken bietet sich die Mindmap an (Lungershausen, 2021, S. 82). Bei einer Mindmap wird das zu behandelnde Thema in die Mitte eines großen Blatt Papiers geschrieben und assoziativ weitere Teilaspekte mit diesem verästelt. So können Aspekte, die in Verbindung zueinander stehen, miteinander verbunden werden.

- **Affinitätsdiagramm**

  Mit dem Affinitätsdiagramm können eine große Menge unstrukturierter Ideen nach bestimmten Aspekten in Kategorien eingeteilt werden (Kamiske, 2015, S. 740). Diese Kategorien werden mit beschreibenden Überschriften versehen. Somit erhalten die Teilnehmenden einen besseren Überblick über das Thema (Herrmann & Fritz, 2021, S. 197).

2 Projektvorbereitung und -koordination

Der Aufbau eines QMS ist ein komplexes sowie einmaliges Projekt und muss als dieses geplant werden (Brunner & Wagner, 2016, S. 72). Zu diesem Zweck wird eine verantwortliche Person für das Projekt bestimmt, die den Projektverlauf organisiert und begleitet.

Das Durcharbeiten dieses Leitfadens soll in einem zertifizierungsfähigen QMS resultieren. Nach der Entwicklung, Einführung und Zertifizierung des QMS wird dieses kontinuierlich überprüft und nach systematischer Vorgehensweise verbessert (s. Kapitel 10).

2.1 Festlegen der Projektkoordination

Jedes erfolgreiche Projekt benötigt eine richtungsgebende Person, die den Überblick über das gesamte Projekt behält (Füermann, 2014, S. 25). Denn durch Projektmanagement werden klare Strukturen sowie Verantwortlichkeiten festgelegt und Ressourcen geplant. Dadurch werden die Projektteams motiviert, und sie lernen die Arbeitsabläufe besser kennen.

Im Rahmen des Qualitätsmanagement ist der Qualitätsmanagementbeauftragte (QMB) eine zentrale Person im QMS (Weidner, 2020, S. 14 – 15). Die Aufgabe des QMB ist es, sicherzustellen, dass alle Anforderungen der ISO 9001 angemessen und sinnvoll erfüllt werden. Weiterhin ist er verantwortlich für die Koordination bei der Einführung des QMS und für die Durchführung der in diesem Leitfaden beschriebenen Schritte. Er moderiert die zukünftigen Qualitätsmanagementbesprechungen und ist, nach erfolgreicher Einführung des QMS, für die Überprüfung sowie kontinuierliche Verbesserung zuständig.

Nachfolgend werden Vorschläge für ein erfolgreiches Projektmanagement aufgelistet (Drees et al., 2017, S. 139):

- Team bezüglich des Projektstandes informiert halten
- Team motivieren
- Verständnis für Bedeutung des Projektes erzeugen
- Einhaltung des Projektzeitplans regelmäßig überprüfen
- Auch in schwierigen Zeiten Verantwortung übernehmen
- Nach Projektende Review-Meeting oder Umfrage durchführen

Umsetzungshinweis

Legen Sie in Ihrem Unternehmen einen QMB fest. Dieser ist für die Durcharbeitung dieses Leitfadens und der Koordinierung des Aufbaus des QMS verantwortlich.

Schritt: 1.1

Festlegen der Projektkoordination

Mitwirkend: Unternehmensführung

Zeitpunkt: Nach Entscheidung für den Aufbau eines QMS

2.2 Erstellen des Projektzeitplanes

Das Projekt muss terminiert werden, um Fristen einhalten und Strukturen aufrechterhalten zu können (Brunner & Wagner, 2016, S. 72 – 73). Hierzu wird ein Projektplan verwendet, der das Projekt die komplette Projektlaufzeit über begleiten wird. In diesem werden die wichtigsten Arbeitspakete und Meilensteine des Projektes festgehalten. Ein Meilenstein ist ein zuvor fest definiertes Ergebnis, das zu einem gewissen Zeitpunkt erreicht werden soll. Die Verantwortlichkeiten und Terminvorgaben werden in einer gemeinsamen Besprechung mit allen Beteiligten abgestimmt. Auf Basis der Informationen und Abhängigkeiten wird ein Projektplan erstellt. Der Projektkoordinator ist verantwortlich für das Einhalten und die Aktualisierung des Plans.

Umsetzungshinweis

Erstellen Sie für den Aufbau und die Einführung des QMS in Ihrem Unternehmen einen Projektzeitplan. Definieren Sie in diesem die wichtigsten Meilensteine des Projektes.

Schritt: 1.2

Erstellen des Projektzeitplanes

Mitwirkend: Alle Personen im Unternehmen

Zeitpunkt: Vor Beginn des Aufbaus eines QMS

Vorlagen: 02_Projektzeitplan

2.3 Durchführen des Kick-Off-Meetings

Ein Kick-Off-Meeting ist eine Besprechung, die nach der erfolgten Projektplanung und vor dem Start der Projektdurchführung mit allen Projektbeteiligten stattfindet (Weidner, 2020, S. 66).

Im Rahmen des QMS-Projektes wird ein Kick-Off-Meeting durch den QMB durchgeführt, um alle Personen im Unternehmen über die bevorstehende Einführung des QMS zu informieren. In der Besprechung sollen folgende Informationen kommuniziert werden:

- Grund und Nutzen des Projektes
- Beabsichtigte Ziele des Projektes
- Beabsichtigter Projektabschluss
- Wichtige Zwischentermine
- Projektbeteiligte, Verantwortungen und Aufgaben
- Kommunikation im Rahmen der Projektabwicklung

Darüber hinaus soll der Zeitplan mit den Teilnehmenden abgestimmt und gemeinsam die Aufgaben, Verantwortlichkeiten und Termine festgelegt werden. Dies erhöht die Akzeptanz und das Verantwortungsgefühl unter den Personen im Unternehmen. Der Zeitplan ist flexibel zu gestalten, sodass Terminverschiebungen den Projekterfolg nicht beeinträchtigen können. Das bedeutet, dass ausreichend Zeitpuffer mit einzuplanen sind.

Die Ergebnisse des Kick-Off-Meetings sind in knapper Form zu protokollieren und zentral abzulegen.

Umsetzungshinweis

Führen Sie ein Kick-Off-Meeting mit allen Personen im Start-up-Unternehmen durch, um sie über den Aufbau und die Einführung eines QMS zu informieren. Stimmen Sie Aufgaben und Termine mit dem Projektteam ab.

Schritt: 1.3

Durchführen des Kick-Off-Meetings

Mitwirkend: Alle Personen im Unternehmen

Zeitpunkt: Vor Beginn des Aufbaus eines QMS

2.4 Schulen der Projektbeteiligten

Schulungen dienen dazu, Wissen zu vermitteln und Verständnis zu schaffen. Um ein Qualitätsverständnis im Unternehmen zu schaffen, sollen die Personen im Unternehmen zum Thema Qualitätsmanagement geschult werden (Brunner & Wagner, 2016, S. 70). Im Rahmen einer Grundlagenschulung zum Thema Qualitätsmanagement sollen mindestens folgende Inhalte aufgegriffen werden:

- Definition von Qualität
- Definition eines QMS
- Vorteile eines QMS
- Bedeutung und Inhalte der ISO 9000er Reihe
- Zertifizierung nach ISO 9001
- Grundsätze des Qualitätsmanagements

Umsetzungshinweis

Erarbeiten Sie eine kurze Grundlagenschulung zum Thema Qualität und Management.

Schritt:	1.4
Schulen der Projektbeteiligten	
Mitwirkend:	Alle Personen im Unternehmen
Zeitpunkt:	Vor Beginn des Aufbaus eines QMS

Eine Alternative zu einer internen Schulung durch den QMB stellen externe Online- oder Präsenzschulungen dar. Setzen Sie sich über das Schulungsangebot in Kenntnis und entscheiden Sie über eine Verfahrensweise.

Schulen Sie alle Personen Ihres Unternehmens. Passen Sie die Grundlagenschulung laufend an den neusten Stand an und stellen Sie diese allen Mitarbeitenden zur Verfügung.

3 Unternehmen und Umfeld

Im Rahmen des Qualitätsmanagements wird eine entsprechende Organisationsstruktur im Unternehmen aufgebaut. Hierzu gehört, das Umfeld und die Rahmenbedingungen des Unternehmens zu identifizieren, um die Aktivitäten darauf ausrichten zu können (Koubek, 2015, S. 30). In der ISO 9001 wird die Bezeichnung „Kontext der Organisation" verwendet (DIN, 2015a, S. 11). Relevant für den Kontext des Unternehmens sind die strategische Ausrichtung des Unternehmens, die internen (z. B. eigene Stärken) und externen Themen (z. B. technologische Entwicklungen) sowie die interessierten Parteien.

3.1 Erarbeiten der Unternehmensstrategie

ISO 9001:2015: Abschnitt 4.1

Das QMS richtet sich an der strategischen Ausrichtung und am Geschäftsumfeld des Unternehmens aus (Koubek, 2015, S. 30). Wie Qualität im Unternehmen wahrgenommen und umgesetzt wird, hängt von der Unternehmensstrategie ab. Die strategische Ausrichtung definiert den Stand, das Ziel und die Herangehensweise zum Erreichen der Unternehmensziele. Hierzu werden die strategische Ausrichtung festgelegt, die Zielgruppe identifiziert, die Vision und Mission sowie die Unternehmenswerte bestimmt (Weidner, 2020, S. 151 – 153).

3.1.1 Definieren der strategischen Ausrichtung

Die strategische Ausrichtung soll in Form von wenigen Leitsätzen und in einfachen Worten formuliert werden. Sie dient als Richtungsweiser für die Personen im Unternehmen. Bei der Formulierung der strategischen Ausrichtung sollen folgende Aspekte berücksichtigt werden:

- Tätigkeiten des Unternehmens
- Angebotene Leistungen des Unternehmens
- Alleinstellungsmerkmal des Unternehmens
- Position des Unternehmens im Wettbewerbsvergleich

Umsetzungshinweis

Sehr wahrscheinlich haben Sie bereits den Zweck Ihres Unternehmens definiert. Wenn Sie Ihre strategische Ausrichtung verfasst haben, prüfen Sie diese auf Aktualität und tragen Sie diese in Ihr QMH ein.

Schritt: 2.1

Definieren der strategischen Ausrichtung

Mitwirkend: Unternehmensführung

Zeitpunkt: Vor Beginn des Aufbaus eines QMS

Vorlagen: 01_Qualitätsmanagementhandbuch

Erörtern Sie ansonsten in einer Teambesprechung die zuvor erwähnten Aspekte und verfassen Sie aus den Ergebnissen die strategische Ausrichtung für Ihr Unternehmen in Ihrem QMH.

Dokumentierte Information/QMH

Dokumentieren Sie die strategische Ausrichtung Ihres Unternehmens.

3.1.2 Definieren der Unternehmensvision

Die Unternehmensvision fasst das gesamte Zukunftsbild des Unternehmens in einem Satz zusammen. Sie hat einen motivierenden Stellenwert und gibt die Richtung des Unternehmens vor. Tabelle 3.1 zeigt Beispiele für Unternehmensvisionen bekannter Unternehmen.

Tabelle 3.1 Beispiele für Unternehmensvisionen (in Anlehnung an: Nussbaumer)

Unternehmen	Unternehmensvision
Airbnb	„Überall hingehören."
Google	„Zugriff auf die Informationen der Welt mit einem Klick."
Netflix	„Weiterhin eines der führenden Unternehmen der Internet-Unterhaltungs-Ära sein."

Bei der Formulierung der Unternehmensvision sollen folgende Fragestellungen berücksichtigt werden:

- Was will das Unternehmen erreichen?
- Wie soll die Marke in Zukunft aussehen?
- Wofür soll das Unternehmen stehen?
- Wie sieht der angestrebte Idealzustand aus?

Umsetzungshinweis

Erörtern Sie im Team die zuvor genannten Fragestellungen, wenn Sie Ihre Unternehmensvision noch nicht formuliert haben. Entwerfen Sie aus den Antworten eine kurze und prägnante Phrase.

Schritt: 2.2

Definieren der Unternehmensvision

Mitwirkend: Unternehmensführung

Zeitpunkt: Vor Beginn des Aufbaus eines QMS

Vorlagen: 01_Qualitätsmanagementhandbuch

Dokumentierte Information/QMH

Übertragen Sie Ihre Unternehmensvision in Ihr QMH.

3.1.3 Definieren der Unternehmensmission

Die Mission des Unternehmens beschreibt in ein bis zwei Sätzen, wie die Vision umgesetzt werden soll. Mit ihr wird der Auftrag des Unternehmens wiedergegeben. Tabelle 3.2 zeigt Beispiele für Missionen bekannter Unternehmen. Bei der Formulierung der Unternehmensvision sollen folgende Fragestellungen berücksichtigt werden:

- Wie soll die Vision verwirklicht werden?
- Was soll angeboten werden?
- Welches Kundenproblem soll gelöst werden?

Tabelle 3.2 Beispiele für Unternehmensmissionen (in Anlehnung an: Nussbaumer)

Unternehmen	Unternehmensmission
Airbnb	„Mission ist es, eine Welt zu schaffen, in der man überall hingehören kann und in der Menschen an einem Ort leben können, anstatt nur dorthin zu reisen."
Google	„Die Informationen der Welt zu organisieren und allgemein zugänglich und nützlich zu machen."
Netflix	„Die Welt unterhalten."

Umsetzungshinweis

Erörtern Sie im Team die zuvor genannten Fragestellungen, wenn Sie Ihre Unternehmensmission noch nicht formuliert haben. Entwerfen Sie aus den Antworten eine kurze und prägnante Phrase.

Schritt: 2.3

Definieren der Unternehmensmission

Mitwirkend: Unternehmensführung

Zeitpunkt: Vor Beginn des Aufbaus eines QMS

Vorlagen: 01_Qualitätsmanagementhandbuch

Dokumentierte Information/QMH

Übertragen Sie Ihre Unternehmensmission in Ihr QMH.

3.1.4 Definieren der Unternehmenswerte

Die Unternehmenswerte stellen die übergeordneten Grundprinzipien des Unternehmens dar und prägen die Unternehmensidentität. Sie vertreten das Ideal des Unternehmens nach innen und außen. Für die Mitarbeitenden dienen diese Leitwerte als Entscheidungsgrundlage, Handlungsorientierung und Verhaltensmaßstäbe. Tabelle 3.3 zeigt Beispiele für Unternehmenswerte bekannter Unternehmen.

Tabelle 3.3 Beispiele für Unternehmenswerte (in Anlehnung an: Martins, 2021)

Unternehmen	Unternehmenswerte
Airbnb	Verfechter der Mission: Wir haben uns mit unserer Community zusammengeschlossen, um eine Welt zu schaffen, in der jeder überall zu Hause sein kann. Gastgeber sein: Wir sind fürsorglich, offen und motivierend für alle, mit denen wir arbeiten. Offen für Abenteuer: Neugierde, Offenheit und die Überzeugung, dass jeder Mensch wachsen kann, sind unser Antrieb. Die Dinge anpacken: Wir sind entschlossen und kreativ bei der Umsetzung unserer kühnen Ambitionen in die Realität.
Google	Der Nutzer steht an erster Stelle, alles Weitere folgt von selbst. Es ist am besten, eine Sache so richtig gut zu machen. Schnell ist besser als langsam. Demokratie im Internet funktioniert. Man sitzt nicht immer am Schreibtisch, wenn man eine Antwort benötigt. Geld verdienen, ohne jemandem damit zu schaden. Irgendwo gibt es immer noch mehr Informationen. Informationen werden über alle Grenzen hinweg benötigt. Seriosität braucht keinen Anzug. Gut ist nicht gut genug.
Netflix	Urteilsvermögen Kommunikation Neugier Mut Leidenschaft Selbstlosigkeit Innovation Inklusion

Umsetzungshinweis

Diskutieren Sie die Werte Ihres Unternehmens im Team. Beschreiben Sie jeweils kurz, was der Wert jeweils für Ihr Unternehmen bedeutet.

Schritt: 2.4

Definieren der Unternehmenswerte

Mitwirkend: Unternehmensführung

Zeitpunkt: Vor Beginn des Aufbaus eines QMS

Vorlagen: 01_Qualitätsmanagementhandbuch

Dokumentierte Information/QMH

Dokumentieren Sie Ihre Unternehmenswerte in Ihrem QMH.

3.1.5 Definieren der Zielgruppe

Die Zielgruppe bezeichnet die Gruppe an Menschen und Organisationen, die ein Unternehmen mit seinen Produkten erreichen und als Kunden gewinnen möchte. Um Produkte zielgruppengerecht gestalten und vermarkten zu können, muss die Zielgruppe bekannt und definiert sein.

Bei der Definition von Zielgruppen im B2B-Marketing sind andere Aspekte zu berücksichtigen als im B2C-Marketing. B2C ist das Akronym von „Business to Consumer“ und bezeichnet Geschäftsbeziehungen zwischen Unternehmen und den Endkonsumenten (Duden).

Bei der Kaufentscheidung in einem Unternehmen sind in der Regel verschiedene Personen beteiligt, die zusammen das sogenannte Einkaufsgremium bilden (Bild 3.1).

Bei der Definition der Zielgruppe sollen folgende Fragestellungen berücksichtigt werden:

- Welche Branche ist an den Produkten interessiert?
- Welche Mitarbeiterzahl, welchen Standort und welche Entwicklungsphase weisen diese Unternehmen auf?
- Wie oft und in welchen Abständen kaufen diese Unternehmen ein?

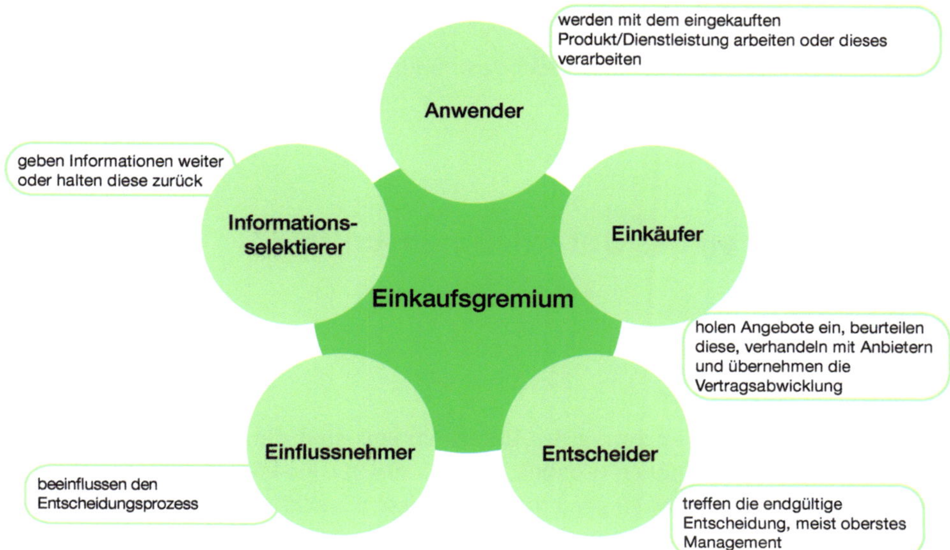

Bild 3.1 Beteiligte am Beschaffungsprozess in Unternehmen (in Anlehnung an: Onlinemarketing-Praxis)

Umsetzungshinweis

Bestimmen Sie im Team die Unternehmen, für die Ihr Produkt ausgelegt sein soll. Definieren Sie zudem die am Kauf Ihres Produktes beteiligten Personen im Unternehmen Ihrer Kunden. Erarbeiten Sie, was die am Kauf beteiligten Personen jeweils zum Kauf bewegt.

Schritt: 2.5

Definieren der Zielgruppe

Mitwirkend: Unternehmensführung und Marketing

Zeitpunkt: Vor Beginn des Aufbaus eines QMS

Vorlagen: 01_Qualitätsmanagementhandbuch

Verfassen Sie aus den erarbeiteten Ergebnissen eine Zielgruppenbeschreibung.

Passen Sie die Zielgruppenbeschreibung laufend an sich ändernde Rahmenbedingungen und Umstände an.

Dokumentierte Information/QMH

Nehmen Sie die Zielgruppenbeschreibung in Ihr QMH auf.

3.2 Analysieren des Unternehmensumfeldes

ISO 9001:2015: Abschnitt 4.1 und 6.1

Für die strategische Ausrichtung des Unternehmens sind die wirtschaftlichen Rahmenbedingungen maßgeblich (Koubek, 2015, S. 30 – 31). Sie können sich positiv oder negativ auf die Erreichbarkeit geplanter Ergebnisse auswirken. Somit beeinflusst das Unternehmensumfeld die Gestaltung des QMS. In der ISO 9001 werden in diesem Zusammenhang die internen und externen Themen aufgeführt (DIN, 2015a, S. 72). Die ermittelten internen und externen Themen müssen regelmäßig überwacht und überprüft werden.

3.2.1 Ermitteln interner und externer Themen

Die SWOT-Analyse gibt einen guten Überblick über das Unternehmensumfeld. SWOT ist ein Akronym aus den englischen Begriffen „Strengths“ (dt. Stärken), „Weaknesses“ (dt. Schwächen), „Opportunities“ (dt. Chancen) und „Threats“ (dt. Risiken) (Lungershausen, 2021, S. 81). Die Stärken und Schwächen fokussieren auf interne, die Chancen und Risiken auf externe Themen. Somit wird im Strategieprozess der in der ISO 9001 geforderte risikobasierte Ansatz berücksichtigt. Bild 3.2 zeigt die Struktur und Inhalte einer SWOT-Analyse.

	Positiv	Negativ
Intern	**Stärken** (Strengths) — S Worin bestehen unsere kompetitiven Vorteile? Welche Fähigkeiten und Erfahrungen besitzen wir? Welche wichtigen Ressourcen besitzen ausschließlich wir?	**Schwächen** (Weaknesses) — W Worin sind wir schlechter als andere? Welche wichtigen Ressourcen fehlen uns noch?
Extern	**Chancen** (Opportunities) — O Welche Trends und Technologien können wir verfolgen? Welche neuen Kundenbedürfnisse können wir bedienen?	**Risiken** (Threats) — T Welche zu erwartenden marktseitigen und wirtschaftlichen sowie politisch-rechtlichen und sozialen Trends können sich negativ auf uns auswirken? Welche Trends verfolgen unsere Konkurrenten?

Bild 3.2 Struktur und Inhalte einer SWOT-Analyse

Um eine möglichst ganzheitliche Betrachtung der externen und internen Themen zu gewährleisten, sind bei der Ermittlung der Stärken, Schwächen, Chancen und Risiken möglichst viele Einflussfaktoren zu berücksichtigen (Tabelle 3.4).

Tabelle 3.4 Interne und externe Einflussfaktoren auf Unternehmen (in Anlehnung an: Koubek, 2015, S. 32–33)

	Faktoren	**Beispiele**
Chancen und Risiken	Gesetzliche und behördliche Faktoren	Betriebliche Mitbestimmung, branchenspezifische Vorschriften, Datenschutz
	Marktfaktoren	Art der Wettbewerber, Marktanteil des Unternehmens, Konkurrenz ähnlicher Produkte, Trends bei den Marktführern, Trends beim Kundenwachstum, Marktstabilität, Lieferkettenbeziehungen
	Politische Faktoren	Politische Stabilität, öffentliche Investitionen, lokale Infrastruktur, Handels- und Steuerpolitik, Embargos, Zollabkommen, Protektionismus
	Soziale Faktoren	Regionale Arbeitslosenquote, Bildungsniveau, Demografie, Konsumverhalten, Bildung
	Technologische Faktoren	Branchentechnologie, Materialien und Ausrüstung, Patentschutz, Stand der Technik
	Wirtschaftliche Faktoren	Wechselkurse, wirtschaftliche Situation, Inflation, Kreditverfügbarkeit, Zinsniveau
	Faktoren	**Beispiele**
Stärken und Schwächen	Führungsfaktoren	Konzernpolitik, Standortstrategie, interner Wettbewerb, Prozess- oder Abteilungsdenken
	Leistungsfaktoren	Zielerreichung, Prozessperformance
	Menschliche Faktoren	Kompetenz von Personen, organisatorisches Verhalten, Kultur, Beziehungen
	Nachhaltigkeits- und Imagefaktoren	Produktportfolio, Lebenszyklus der Produkte, Fluss von Wissen, Produktrisiken, Ausgaben für Forschung und Entwicklung, Emissionen, Energieverbrauch, Abfallaufkommen
	Organisatorische Faktoren	Regeln und Verfahren für die Entscheidungsfindung, Rechtsbewusstsein, Arbeitsverträge, Kündigungsschutz
	Ressourcenfaktoren	Technische Infrastruktur, Umfeld für die Durchführung der Prozesse

Umsetzungshinweis

Führen Sie im Team eine SWOT-Analyse für Ihr Unternehmen durch. Bestimmen Sie, welche der in der SWOT-Analyse ermittelten Faktoren qualitätsrelevanten Einfluss besitzen. Das sind jene, die die Konformität Ihrer Produkte, die Kundenzufriedenheit oder das Erreichen der Qualitätsziele beeinflussen können.

Schritt: 2.6

Ermitteln interner und externer Themen

Mitwirkend: Unternehmensführung und Marketing

Zeitpunkt: Zu Beginn des Aufbaus des QMS

Vorlagen: 03_Unternehmensumfeldanalyse

Geben Sie den einzelnen Faktoren eindeutige Kennzeichnungen und führen Sie eine Auflistung interner und externer Themen. Beurteilen Sie zudem für jeden Faktor die möglichen Auswirkungen auf Ihr Unternehmen.

Aktualisieren Sie die internen und externen Themen bei veränderten Bedingungen.

3.2.2 Priorisieren interner und externer Themen

Nicht alle ermittelten internen und externen Themen besitzen dieselbe Einflussstärke (Koubek, 2015, S. 33). Aus der Stärke des Einflusses ergibt sich der Handlungsbedarf bezüglich des jeweiligen Faktors. Das bedeutet, dass die Faktoren bewertet werden müssen. Mithilfe des Portfoliodiagramms werden die Faktoren jeweils nach Eintrittswahrscheinlichkeit und ihrem Einfluss auf das Unternehmen eingeordnet. In diesem Anwendungsszenario spricht man auch von einer Issue-Impact-Matrix (dt. Wechselwirkungsanalyse). Die Einordnung erfolgt auf Grundlage des subjektiven Empfindens des Teams. Daraus ergibt sich für jeden Faktor die Priorität gering, mittel oder hoch (Bild 3.3).

Für Faktoren hoher Priorität sind Maßnahmen festzulegen, um potenzielle Risiken abzuwenden und Chancen zu nutzen. Die Maßnahmen sind über einen Maßnahmenplan zu dokumentieren. Es empfiehlt sich, einen zentralen Maßnahmenplan für alle anfallenden wichtigen Maßnahmen im Unternehmen anzulegen. Sind Funktionsbereiche definiert, eignen sich auch funktions- oder projektbezogene Maßnahmenpläne.

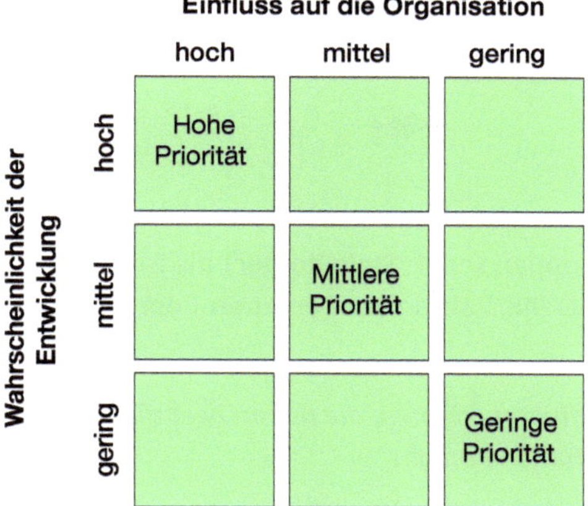

Bild 3.3 Struktur einer Issue-Impact-Matrix (in Anlehnung an: Koubek, 2015, S. 33)

Umsetzungshinweis

Ordnen Sie im Team die in Schritt 2.6 definierten Faktoren in eine Issue-Impact-Matrix ein und notieren Sie die daraus resultierende Priorität der Faktoren.

Schritt: 2.7

Priorisieren interner und externer Themen

Mitwirkend: Unternehmensführung und Marketing

Zeitpunkt: Zu Beginn des Aufbaus des QMS

Vorlagen: 03_Unternehmensumfeldanalyse
04_Maßnahmenplan

Bestimmen Sie zudem für die Faktoren mit hoher Priorität Maßnahmen, um die Risiken abzuwenden bzw. die Chancen zu nutzen. Notieren Sie die festgelegten Maßnahmen in Ihrem Maßnahmenplan. Sortieren Sie die Maßnahmen in bestimmte, für Ihr Unternehmen geeignete Gruppen und geben Sie jeder Maßnahme eine eindeutige Kennzeichnung.

Legen Sie für jede Maßnahme immer Fristen und Verantwortlichkeiten fest, um die geplante Umsetzung überprüfen zu können.

3.3 Analysieren der Interessensgruppen

ISO 9001:2015: Abschnitt 4.2

DIN (2015a, S. 11) bezeichnet Interessengruppen (engl. Stakeholder) als interessierte Parteien. Gemäß der Definition aus der ISO 9001 sind dies Personen oder Organisationen, die

> *„eine Entscheidung oder Tätigkeit beeinflussen können, die davon beeinflusst sein können oder die sich davon beeinflusst fühlen können".*

Der Unternehmenserfolg hängt somit unter anderem von der Erfüllung der Bedürfnisse der interessierten Parteien ab. Beispiele für interessierte Parteien sind folgende:

- Kunden und Konsumenten
- Behörden und Gesetzgeber
- Externe Bereitsteller, z. B. Lieferanten, externe Dienstleister
- Vereinigungen
- Normschaffende Stellen
- Geschäfts- oder Forschungspartner
- Banken
- Gesellschaft
- Beteiligte
- Anwohnende
- Personen im Unternehmen

Die interessierten Parteien sind eng mit den internen und externen Themen verbunden. Aus diesem Grund können diese als Hilfestellung dienen, um erste interessierte Parteien abzuleiten.

3.3.1 Ermitteln der Interessensgruppen

Um die Bedürfnisse der interessierten Parteien erfüllen zu können, müssen diese bekannt sein und deshalb zuvor ermittelt werden (Koubek, 2015, S. 34 – 35). Aus diesem Grund sollen die interessierten Parteien ermittelt werden. Folgende Fragestellungen können bei der Identifizierung der interessierten Parteien hilfreich sein:

- Für wen ist die Leistung des Unternehmens bestimmt?
- Wer hat ein Interesse an dem Unternehmen?
- Wie äußert sich dieses Interesse?
- Was erwarten die interessierten Parteien?

Die so ermittelten interessierten Parteien und ihre Anforderungen können über eine Mindmap, die sogenannte Stakeholder-Mindmap, geordnet und übersichtlich dargestellt werden (Bild 3.4).

Bild 3.4 Beispiel für eine Stakeholder-Mindmap (in Anlehnung an: Miro)

Nach Ermittlung der Stakeholder ist zu bestimmen, welche der identifizierten interessierten Parteien qualitätsrelevanten Einfluss besitzen. Das sind jene, die die Konformität der Produkte, die Kundenzufriedenheit oder das Erreichen der Qualitätsziele unmittelbar beeinflussen können. In Bezug auf die Anforderungen der qualitätsrelevanten interessierten Parteien sind die Folgen der Nichterfüllung der Anforderungen zu bestimmen.

Umsetzungshinweis

Sammeln Sie im Team die interessierten Parteien in einer Stakeholder-Mindmap und kennzeichnen Sie interne sowie externe interessierte Parteien. Bestimmen Sie, welche der ermittelten interessierten Parteien qualitätsrelevant sind.

Schritt: 2.8

Ermitteln der Interessensgruppen

Mitwirkend: Unternehmensführung und Marketing

Zeitpunkt: Zu Beginn des Aufbaus des QMS

Vorlagen: 03_Unternehmensumfeldanalyse

Geben Sie den einzelnen interessierten Parteien und ihren Anforderungen jeweils eindeutige Kennzeichnungen und dokumentieren Sie diese in Listenform. Bestimmen Sie zudem für jede Anforderung mögliche Auswirkungen auf Ihr Unternehmen, die bei Nichterfüllung eintreten können.

Aktualisieren Sie die Interessensgruppen und ihre Anforderungen bei veränderten Bedingungen.

3.3.2 Priorisieren der Interessensgruppen

Nicht alle ermittelten interessierten Parteien besitzen dieselbe Wichtigkeit. Aus diesem Grund müssen die interessierten Parteien bezügliche ihrer Einflussstärke und ihrem Interesse an dem Unternehmen bewertet werden. Hieraus ergibt sich der Handlungsbedarf in Bezug auf die jeweilige interessierte Partei.

Mit dem Portfoliodiagramm werden die interessierten Parteien jeweils nach ihrem Interesse an dem Unternehmen und ihrem Einfluss auf das Unternehmen eingeordnet (Koubek, 2015, S. 91). Man spricht in diesem Zusammenhang von einer Stakeholder-Priority-Matrix. Dadurch wird jede interessierte Partei in eine der Kategorien „Teilnahmslose“, „Befürwortende“, „Verborgene“ oder „Fördernde“ eingeteilt. Die Teilnahmslosen haben keine Bedeutung, die Befürwortenden eine geringe, die Verborgenen eine mittlere und die Fördernden eine hohe Bedeutung (Bild 3.5).

Die Erfüllung der Anforderungen der Fördernden können Chancen bedeuten, die Nichterfüllung Risiken. Um die Chancen zu nutzen und die Risiken abzuwenden, sind Maßnahmen zu planen und umzusetzen.

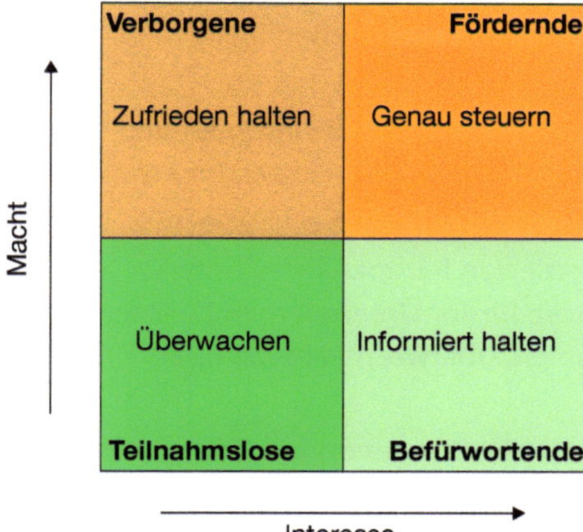

Bild 3.5 Struktur einer Stakeholder-Priority-Matrix (in Anlehnung an: Mendelow, 1981, S. 412)

Umsetzungshinweis

Ordnen Sie Ihre interessierten Parteien im Team in eine Stakeholder-Priority-Matrix und dokumentieren Sie die daraus resultierende Priorität der interessierten Parteien. Bestimmen und planen Sie Maßnahmen zur Abwendung von potenziellen Risiken und zur Nutzung möglicher Chancen, die sich aufgrund der Nicht-/Erfüllung der Anforderungen der Förderer ergeben können. Notieren Sie diese in Ihrem Maßnahmenplan.

Schritt: 2.9

Priorisieren der Interessensgruppen

Mitwirkend: Unternehmensführung und Marketing

Zeitpunkt: Zu Beginn des Aufbaus des QMS

Vorlagen: 03_Unternehmensumfeldanalyse
04_Maßnahmenplan

Dokumentierte Information/QMH: Themenbereich „Unternehmen und Umfeld“

Beschreiben Sie in Ihrem QMH, welche Bedeutung die internen und externen relevanten Themen für Ihr Unternehmen besitzen und wie Sie diese bestimmen, überwachen sowie überprüfen.

Geben Sie zudem an, wer die interessierten Parteien Ihres Unternehmens sind und welchen Wert diese für Ihr Unternehmen besitzen. Definieren Sie, wie Sie diese bestimmen, überwachen sowie überprüfen.

Verlinken Sie an dieser Stelle im QMH alle dazugehörigen Dokumente. In Bezug auf diesen Leitfaden sind das folgende:

- Maßnahmenplan
- Unternehmensumfeldanalyse

4 Rahmen des Qualitätsmanagementsystems

Die Einführung eines QMS ist eine strategische Entscheidung eines Unternehmens. Mit dem QMS werden festgelegte übergeordnete Ziele verfolgt. Diese Ziele müssen klar definiert werden, um sie überprüfen zu können. Die Zieldefinition bildet die Rahmenbedingungen des QMS.

4.1 Ermitteln beabsichtigter Ergebnisse

Klarheit bezüglich der gewünschten Ergebnisse eines Projektes ist von großer Bedeutung. Sie geben den Teammitgliedern ein Ziel, eine Richtung und Motivation. Aus den hier festgesetzten beabsichtigten Ergebnissen lassen sich zudem im weiteren Verlauf Qualitätsziele ableiten (s. Abschnitt 4.3). Folgende Punkte stellen typische Ergebnisse dar, die mit der Einführung eines QMS zusammenhängen:

- Erhöhung der Kundenzufriedenheit
- Gewinnung des Kundenvertrauens
- Gewinnung von Neukunden
- Senkung der Kosten
- Senkung von Risiken
- Steigerung der Wettbewerbsfähigkeit
- Vermeidung von Produkthaftungsfällen

Umsetzungshinweis

Überlegen Sie im Team, welche Ergebnisse Sie mit der Einführung des QMS in Ihrem Unternehmen erreichen wollen.

Schritt: 3.1

Ermitteln beabsichtigter Ergebnisse

Mitwirkend: Unternehmensführung

Zeitpunkt: Zu Beginn des Aufbaus des QMS

Vorlagen: 01_Qualitätsmanagementhandbuch

Dokumentierte Information/QMH

Dokumentieren Sie die gesammelten beabsichtigten Ergebnisse in Ihrem QMH.

4.2 Bestimmen der Qualitätsposition

Die Qualitätsposition stellt dar, wie sich ein Unternehmen in Bezug auf die Qualität seiner angebotenen Leistungen positionieren möchte (Bruhn, 2021). Diese Position hängt unter anderem davon ab, inwieweit die Qualität vom Unternehmenserfolg beeinflusst wird. Beispielsweise können sich durch – aus Kundensicht überlegene Produktvorteile – Differenzierungsvorteile am Markt ergeben. Die Bestimmung der strategischen Qualitätsposition erweist sich bei der Verfassung der Qualitätspolitik als hilfreich. In einem Portfoliodiagramm wird die Qualität der Produkte in Hinsicht auf die Relevanz der Qualität in dem Sektor sowie die beabsichtigte Qualität der Produkte im Unternehmen eingeordnet. Dieses Portfoliodiagramm wird als Qualitätsportfolio bezeichnet (Bild 4.1).

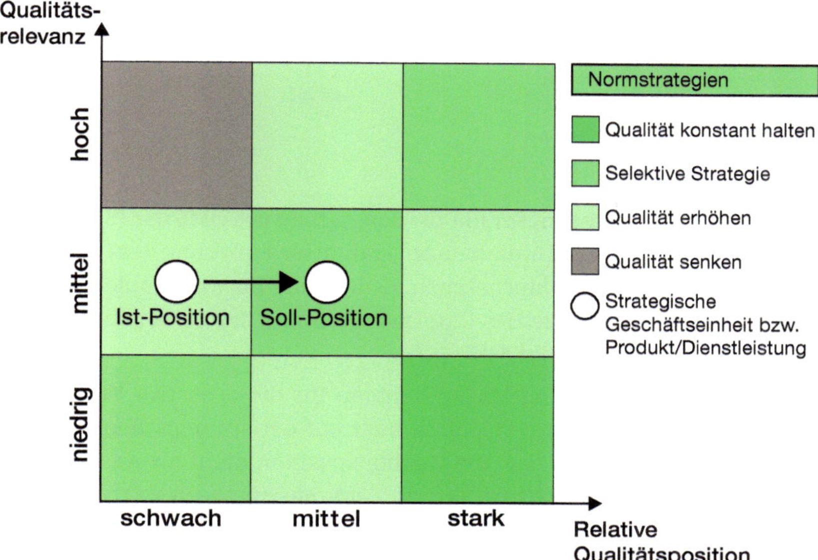

Bild 4.1 Beispiel für ein Qualitätsportfolio (in Anlehnung an: Bruhn, 2021)

Umsetzungshinweis

Untersuchen Sie, wie sich Ihre Wettbewerber in Bezug auf Ihre Produktqualität positionieren. Entscheiden Sie im Team, wie Sie sich mit der Qualität Ihrer Produkte im Vergleich zu anderen Unternehmen des Sektors positionieren wollen.

Schritt: 3.2

Bestimmen der Qualitätsposition

Mitwirkend: Unternehmensführung und Marketing

Zeitpunkt: Zu Beginn des Aufbaus des QMS

4.3 Formulieren der Qualitätspolitik

ISO 9001:2015: Abschnitt 5.2

Die Qualitätspolitik stellt den Ausgangspunkt für den Aufbau des QMS dar (Brunner & Wagner, 2016, S. 5 – 7). Sie liefert die umfassende Qualitätsorientierung des Unternehmens und dient den Personen im Unternehmen als Leitlinie für das Handeln. In der Qualitätspolitik werden die Absichten des Unternehmens und der Unternehmenseinstellung zur Qualität festgehalten (Bild 4.2).

Sie bildet somit einen sinnvollen und klaren Rahmen für die operative Umsetzung des Qualitätsmanagements. Die Qualitätspolitik baut auf der strategischen Ausrichtung und den Unternehmenszielen auf. Die Qualitätsposition dient als Ansatzpunkt für die Formulierung. In der Qualitätspolitik sind konkrete Aussagen zu treffen und mit konkreten Maßnahmen zur Umsetzung der Aussagen zu unterlegen.

Die Qualitätsmanagementgrundsätze sowie folgende Aspekte sollen in der Qualitätspolitik aufgegriffen und deren Umsetzung im Unternehmen erläutert werden (Brunner & Wagner, 2016, S. 6):

- Angebotene Produkte
- Definition von Qualität im Unternehmen
- Motivation zur Qualität im Unternehmen
- Realisierung des Qualitätsverständnisses
- Kundenorientierung
- Verantwortung der Führung
- Engagement von Personen im Unternehmen
- Prozessorientierter Ansatz
- Kontinuierliche Verbesserung
- Faktengestützte Entscheidungsfindung
- Beziehungsmanagement

Laut DIN (2015b, S. 21) muss sich die oberste Leitung der Qualitätspolitik verpflichten. Mit der obersten Leitung ist die Unternehmensführung gemeint. Diese umfasst Personen mit Führungsverantwortung. Zur obersten Leitung des Unternehmens gehören z. B. die Geschäftsführung, Anteilshabende, Vorstandsvorsitzende und Abteilungsleitende. Diese haben die Qualitätspolitik zu unterschreiben und innerhalb des Unternehmens zu verteilen. Dies kann z. B. durch eine Rundmail an alle Personen des Unternehmens, durch eine persönliche Besprechung oder durch Anschlagtafeln im

Unternehmen bewerkstelligt werden. Zudem soll die Qualitätspolitik für die relevanten interessierten Parteien verfügbar gemacht werden. Es muss definiert werden, für wen die Qualitätspolitik über welche Verteilerwege zugänglich gemacht werden soll.

VDO

Qualität: Einwandfrei von VDO.

Leitaussagen:

1. Der Kunde muss zufrieden sein

■ Qualität ist Vertrauen. Was Qualität ist, entscheidet allein der Kunde. Wir unterstützen den Kunden durch unser Wissen und Können. Kundengereichte Produktion heißt für uns, das Anforderungsprofil der Kunden konsequent zu übernehmen. Nicht wir, er muss mit unserer Leistung zufrieden sein. Für das Null-Fehler-Produkt gibt es deshalb keinen Ersatz.

2. Unsere Verantwortung

■ Qualität gilt überall. In unserem Hause sorgt jede Mitarbeiterin und jeder Mitarbeiter eigenverantwortlich für Qualität. Das gilt für alle Bereiche unseres Unternehmens. Gefördert wird dabei das unternehmerische Denken und Handeln aller Mitarbeiter. Wir müssen vorleben, was wir von anderen erwarten.

VDO Adolf Schindling AG

VDO

3. Einwandfrei von VDO

■ Qualität hat Methode. Von der Entwicklung über die Konstruktion bis zur Produktion und zum Vertrieb. Während der Lebensdauer der Fahrzeuge müssen die Produkte ohne Fehl und Tadel funktionieren. VDO-Qualität beginnt schon im Gespräch mit dem Kunden. Seine Wünsche, Bedürfnisse und Erwartungen bestimmen unser unternehmerisches Wirken.

4. Identifikation mit dem, was wir tun

■ Qualität beginnt in Kopf und Herz. Die innere Einstellung des Menschen entscheidet über die Produktqualität, nicht allein die technischen Hilfsmittel. Wir müssen unsere hohen Erwartungen an die Lebensqualität auf die Produktqualität übertragen. Qualität muss gelebt und erlebt werden. Durch den Mut zur positiven Kritik und zum gestalterischen Vorwärtsdrang ist die Qualität fortwährend zu verbessern. Qualität ist ein Wert in sich.

Vorsitzender des Vorstandes Dr. Ulrich Wöhr — Leiter des Zentralen Qualitätswesens Herbert Füller

Bild 4.2 Qualitätspolitik des Unternehmens VDO (Brunner & Wagner, 2016, S. 7)

Umsetzungshinweis

Sammeln Sie im Team, z. B. durch Brainwriting, Ideen zum Thema Qualität in Ihrem Unternehmen. Verfassen Sie aus den erarbeiteten Ergebnissen eine Qualitätspolitik.

Schritt: 3.3

Formulieren der Qualitätspolitik

Mitwirkend: Alle Personen im Unternehmen

Zeitpunkt: Zu Beginn des Aufbaus des QMS

Vorlagen: 01_Qualitätsmanagementhandbuch

Lassen Sie die Unternehmensführung Ihres Unternehmens die Qualitätspolitik unterschreiben und im Unternehmen langfristig sichtbar verteilen.

Dokumentierte Information/QMH

Dokumentieren Sie Ihre Qualitätspolitik in Ihrem QMH.

4.4 Festlegen der Qualitätsziele

ISO 9001:2015: Abschnitt 6.2

Die Qualitätsziele stellen dar, was mit dem QMS global erzielt werden soll (Brunner & Wagner, 2016, S. 7–8). Diese orientieren sich an den strategischen Zielen des Unternehmens und leiten sich von der Qualitätspolitik und den beabsichtigten Ergebnissen, die mit dem QMS verfolgt werden, ab. Sie beziehen sich auf die relevanten Funktionen, Ebenen und Geschäftsprozesse des Unternehmens und werden innerhalb des Unternehmens kommuniziert.

Zur Festlegung der Qualitätsziele eignet sich die SMART-Methode. SMART ist ein Akronym aus den Anfangsbuchstaben der Begriffe „spezifisch“, „messbar“, „attraktiv“, „realistisch“ und „terminiert“ (Weidner, 2020, S. 72). Die Ziele werden nach den genannten Prinzipien definiert.

Zudem sind Key Performance Indicators (KPI, dt. Schlüsselkennzahlen) festzulegen, anhand derer die Zielerreichung gemessen werden kann (Weidner, 2020, S. 123). Für jedes Qualitätsziel sind realistische Zielwerte zu bestimmen. Die Zielwerte werden, soweit erforderlich, innerhalb eines Jahres aktualisiert und jährlich neu definiert. Darüber hinaus sind Maßnahmen zur Erreichung der Qualitätsziele zu bestimmen und über den Maßnahmenplan zu organisieren.

Tabelle 4.1 stellt Beispiele für Qualitätsziele eines Softwareherstellers dar.

Tabelle 4.1 Beispiele für Qualitätsziele (QZ) eines Softwareherstellers (in Anlehnung an: Eberspächer, 2015)

Ziel-Nr.	Ziel	KPI
QZ-1	Das Projekt nach dem vereinbarten Vorgehensmodell abwickeln.	Anzahl der festgestellten Abweichungen im Projektaudit.
QZ-2	Das Fachkonzept bildet die fachlichen Anforderungen des Fachbereichs vollständig und widerspruchsfrei ab.	Anzahl Anmerkungen im Fachkonzept-Review, die zu konzeptionellen Nacharbeiten führen.
QZ-3	Die im Vertrag vereinbarten Freigabekriterien für die fertige Software sind eingehalten.	Anzahl freigabeverhindernder Fehler im Integrationstest.
QZ-4	Die in das Entwickler-Repository eingecheckte Software ist fehlerfrei.	Anzahl „Errors" im Software-Qualitätsbericht (Java Messplatz Ergebnis).
QZ-5	Die Stabilisierungsphase der neuen Anwendung ist nach drei Monaten abgeschlossen.	Abnahme innerhalb drei Monaten nach Produktivsetzung der neuen Anwendung.
QZ-6	Alle Kundendokumente sind formal und sprachlich fehlerfrei.	Anzahl Anmerkungen im formalen Qualitätssicherungsbericht.

Umsetzungshinweis

Ermitteln Sie im Team die Qualitätsziele, die Ihr Unternehmen mit dem QMS erreichen möchte. Dokumentieren Sie diese in Ihrer Liste der Qualitätsziele. Bestimmen Sie darüber hinaus Maßnahmen zur Erreichung der Qualitätsziele und notieren Sie diese festgelegten Maßnahmen in Ihrem Maßnahmenplan. Achten Sie darauf, dass sich keine Maßnahmen im Plan doppeln. Wenn mehrere Qualitätsziele, Anforderungen oder Chancen und Risiken mit ein und derselben Maßnahme behandelt werden können, sollten Sie die Maßnahmen nicht doppelt aufführen.

Schritt: 3.4

Festlegen der Qualitätsziele

Mitwirkend: Unternehmensführung

Zeitpunkt: Zu Beginn des Aufbaus des QMS

Vorlagen: 04_Maßnahmenplan
05_Qualitätsziele

Passen Sie die Qualitätsziele, Kennzahlen und Kennzahlenwerte jährlich an.

4.5 Festlegen des Anwendungsbereichs

ISO 9001:2015: Abschnitt 4.3

Der Anwendungsbereich des QMS stellt den Geltungsbereich dar (Hinsch, 2019, S. 32 – 33). Das heißt, er gibt die Bereiche, Standorte und Produkte des Unternehmens an, für die das QMS nach ISO 9001 gilt. Im Anwendungsbereich ist ausführlich zu beschreiben, auf welche Arten der angebotenen Produkte, Services, Standorte und Unternehmensbereiche oder Funktionen das QMS zutrifft. Diese Information ist zu verschriftlichen und im Rahmen einer Zertifizierung dem Auditor zu kommunizieren. Sie wird auf dem Qualitätszertifikat aufgeführt. In der Regel wird die ISO 9001 auf das gesamte Unternehmen angewendet. In einigen Fällen kann es sein, dass Anforderungen nicht auf das Unternehmen zutreffen und aus diesem Grund nicht erfüllt werden können. Eine Anforderung kann als nicht anwendbar deklariert werden, wenn die Nichterfüllung keine Auswirkung auf die Fähigkeit des Unternehmens besitzt, die beabsichtigten Leistungen zu erreichen. Wenn Anforderungen nicht für das Unternehmen anwendbar sind, erfordert dies eine entsprechende Rationale (Tabelle 4.2).

Dabei sind folgende Kriterien, von denen die Anwendbarkeit der Normanforderungen abhängig sind, zu berücksichtigen:

- Größe und Komplexität des Unternehmens
- Übernommenes Managementmodell
- Tätigkeitsbereich des Unternehmens

Tabelle 4.2 Beispiele für Begründungen nicht anwendbarer Normanforderungen (in Anlehnung an: Scheibeler & Scheibeler, 2019, S. 331)

Kap. ISO 9001	Anforderung der ISO 9001	Mögliche Begründung des Unternehmens
8.4.1 b)	„Produkte und Dienstleistungen, die den Kunden direkt durch externe Anbieter im Auftrag der Organisation bereitgestellt werden, müssen gesteuert werden."	Unsere Produkte und Dienstleistungen erhält der Kunde nur durch uns direkt (kein Streckengeschäft).
8.4.1 c)	„Ein Prozess oder ein Teilprozess, der infolge einer Entscheidung durch die Organisation von einem externen Anbieter bereitgestellt wird, muss gesteuert werden."	Es werden von den externen Anbietern (Lieferanten) keine extern bereitgestellten Prozesse oder Teilprozesse bereitgestellt, da alle Prozesse in unserem Hause stattfinden.
8.5.1 f)	„Prozesse müssen durch die Validierung und regelmäßig wiederholte Validierung der Fähigkeit, geplante Ergebnisse der Prozesse der Produktion oder Dienstleistungserbringung zu erreichen, verifiziert werden, wenn das resultierende Ergebnis nicht durch anschließende Überwachung oder Messung verifiziert werden kann."	Unsere Produkte oder Dienstleistungen müssen durch Überwachung oder Messung verifiziert werden, um die Anforderungen des Kunden zu erfüllen.

Umsetzungshinweis

Bestimmen Sie im Team, für welchen Bereich das QMS in Ihrem Unternehmen gelten soll. Eruieren Sie, welche Normanforderungen nicht auf Ihr Unternehmen zutreffen. Formulieren Sie mithilfe der im Team erarbeiteten Ergebnisse den Anwendungsbereich schriftlich. Passen Sie den Anwendungsbereich an, wenn Sie Ihr QMS auf weitere Bereiche ausweiten.

Schritt: 3.5

Festlegen des Anwendungsbereichs

Mitwirkend: Unternehmensführung

Zeitpunkt: Zu Beginn des Aufbaus des QMS

Vorlagen: 01_Qualitätsmanagementhandbuch

Dokumentierte Information/QMH

Dokumentieren Sie den Anwendungsbereich in Ihrem QMH.

Beschreiben Sie in Ihrem QMH, wie Sie die Qualitätspolitik innerhalb und außerhalb des Unternehmens verteilen und wer auf sie zugreifen kann.

Merken Sie zudem an, welche Bedeutung die Qualitätsziele für Ihr Unternehmen besitzen und unter welchen Bedingungen sie festgelegt werden.

Verlinken Sie an dieser Stelle im QMH alle dazugehörigen Dokumente. In Bezug auf diesen Leitfaden sind das folgende:

- Maßnahmenplan
- Qualitätsziele

5 Prozesse im Unternehmen

Im Qualitätsmanagement fordert das DIN (2015b, 10–11) den prozessorientierten Ansatz. Das Prinzip des prozessorientierten Denkens ist es, alle Tätigkeiten im Unternehmen im Kontext unterschiedlicher, aufeinander abgestimmter Prozesse zu betrachten (Brunner & Wagner, 2016, S. 84 – 85). Ein Prozess wird in der ISO 9000 als ein Satz von Tätigkeiten definiert, die in Wechselwirkung zueinander stehen (DIN, 2015a, S. 33).

5.1 Erstellen der Prozesslandkarte

ISO 9001:2015: Abschnitt 4.4

Eine Prozesslandkarte schafft Struktur, indem sie die Geschäftsprozesse übersichtlich visualisiert (Jakoby, 2019, S. 148). Sie verbessert intern die Orientierung der Mitarbeitenden sowie die externe Kommunikation. Zu den Geschäftsprozessen gehören Prozesse der obersten Ebene wie z. B. die Produktentwicklung oder die strategische Unternehmensplanung.

In der Prozesslandschaft werden die Prozesse in drei Prozessarten unterteilt: Wertschöpfungsprozesse, Führungsprozesse und Unterstützungsprozesse (Tabelle 5.1). Die Einordnung der Geschäftsprozesse in Wertschöpfungs-, Führungs- und Unterstützungsprozesse kann je nach Unternehmen und deren Ausrichtung variieren.

Bei der Erstellung der Prozesslandkarte ist jeweils die oberste Prozessebene zu bestimmen. Den bestimmten Geschäftsprozessen sind jeweils eindeutige Kennzeichnungen zuzuweisen. Die Prozesskarte soll sich im Idealfall auf sechs Geschäftsprozesse pro Prozessart und die Darstellung von Standardprozessen begrenzen. Ausgelagerte Prozesse sind in der Prozesslandkarte zu kennzeichnen.

Tabelle 5.1 Erläuterung der drei Prozessarten (in Anlehnung an: Herrmann & Fritz, 2021, S. 87 – 88)

Prozessart	Führungsprozesse	Unterstützungsprozesse	Wertschöpfungsprozesse
Erläuterung	Prozesse der obersten Managementebene, die die Wertschöpfungs- und Supportprozesse führen, steuern und ermöglichen.	Unterstützen und befähigen die sachgerechte Durchführung der Wertschöpfungsprozesse. Sind nicht direkt an der Wertschöpfung beteiligt.	Tragen unmittelbar zur Wertschöpfung bei. Sie verwirklichen die Kundenanforderungen und umfassen Tätigkeiten, für die der Kunde bereit ist zu zahlen.
Beispiele	Strategische Planung	Rechnungswesen	Forschung
	Finanzen und Controlling	Buchhaltung	Entwicklung
	Personalmanagement	Verwaltung	Einkauf
	Qualitätsmanagement	Infrastruktur	Produktion
	Lieferanten-management	Öffentlichkeitsarbeit und Marketing	Vertrieb
	Change Management	IT und Netzwerk	Logistik und Versand
	Risikomanagement	Wartung und Instandhaltung	Kundenservice

Daraufhin sind die Geschäftsprozesse des Unternehmens zu bestimmen, die qualitätsrelevant sind. Das sind jene Geschäftsprozesse, die die Konformität der Produkte, die Kundenzufriedenheit oder das Erreichen der Qualitätsziele beeinflussen können. Dies sind mindestens alle Wertschöpfungsprozesse. Bild 5.1 zeigt ein Beispiel für eine Prozesslandkarte.

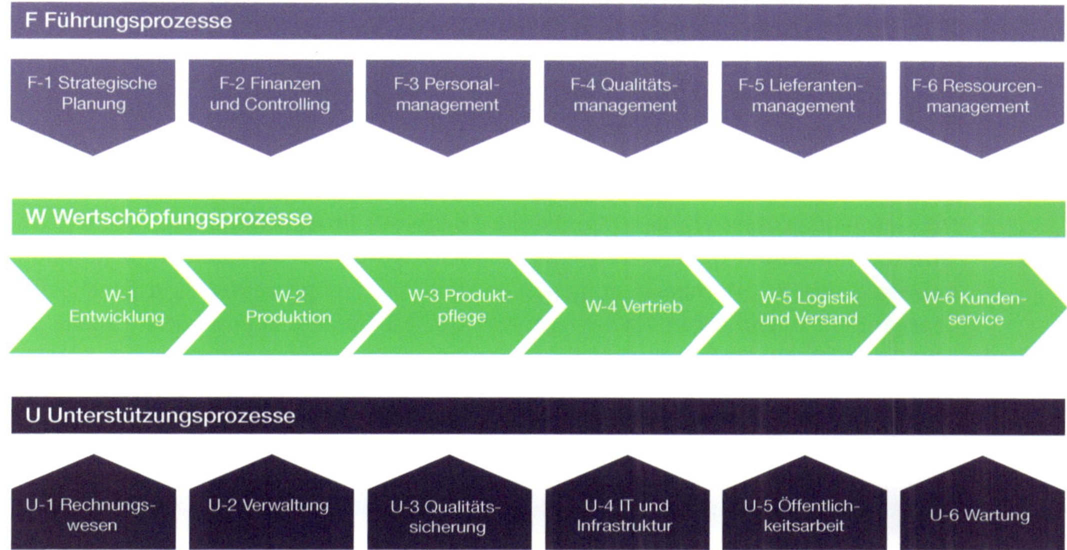

Bild 5.1 Beispiel einer Prozesslandkarte

Umsetzungshinweis

Erstellen Sie im Team, unter Berücksichtigung aller benötigten Geschäftsprozesse, eine Prozesslandkarte. Aktualisieren Sie Ihre Prozesskarte bei Veränderungen.

Schritt: 4.1

Erstellen der Prozesslandkarte

Mitwirkend: Alle Personen im Unternehmen

Zeitpunkt: Während des Aufbaus des QMS

Vorlagen: 01_Qualitätsmanagementhandbuch
06_Prozesslandkarte

Dokumentierte Information/QMH

Bilden Sie Ihre stets aktuelle Prozesslandkarte in Ihrem QMH ab.

5.2 Definieren der Teilprozesse

ISO 9001:2015: Abschnitt 4.4

Die Geschäftsprozesse bilden die oberste Ebene der Prozesshierarchie. Um die Abläufe der einzelnen qualitätsrelevanten Geschäftsprozesse wirksam zu bestimmen, müssen diese in Teilprozesse aufgeteilt werden. Den Teilprozessen sind jeweils eindeutige Kennzeichnungen sowie verantwortliche Personen zuzuweisen. Tabelle 5.2 listet Beispiele für Teilprozesse für einzelne Geschäftsprozesse auf.

Tabelle 5.2 Beispiele für Geschäftsprozesse und dazugehörige Teilprozesse

Geschäftsprozess	Kennzg.	Prozesstitel
Führungsprozesse	F-1	Strategische Planung
	F-1.1	Unternehmensleitlinien festlegen
	F-1.2	Führungsleitlinien festlegen
	F-2	Personalmanagement
	F-2.1	Personelle Ressourcen planen
	F-2.2	Stellenbeschreibungen erstellen
	F-3	Qualitätsmanagement
Unterstützungsprozesse	U-1	Einkauf
	U-1.1	Angebote einholen
	U-1.2	Bestellungen verfolgen
	U-2	Marketing und Öffentlichkeitsarbeit
	U-2.1	Marketingkampagnen organisieren
	U-2.2	Kundenanalysen durchführen
	U-3	Verwaltung

Geschäftsprozess	Kennzg.	Prozesstitel
Wertschöpfungsprozesse	W-1	Entwicklung
	W-1.1	Anforderungen analysieren
	W-1.2	Projektziele definieren
	W-2	Produktion
	W-2.1	Produkte herstellen
	W-2.2	Korrekturmaßnahmen durchführen
	W-2	Vertrieb

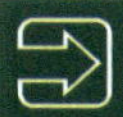

Umsetzungshinweis

Sammeln Sie im Team die Teilprozesse. Weisen Sie den Prozessen jeweils eindeutige Kennzeichnungen zu. Dokumentieren Sie diese Prozesse in einer Prozessübersicht.

Schritt: 4.2

Definition der Teilprozesse

Mitwirkend: Alle Personen im Unternehmen

Zeitpunkt: Während des Aufbaus des QMS

Vorlagen: 06_Prozesslandkarte

Aktualisieren Sie die definierten Teilprozesse bei Veränderungen.

5.3 Beschreiben der Prozesse

ISO 9001:2015: Abschnitt 4.4

Prozessbeschreibungen sind notwendig, um in Zukunft einen guten Überblick über die vorhandenen Prozesse im Unternehmen und deren Wechselwirkungen zu behalten (Füermann, 2014, S. 37). Sie dienen der Einarbeitung neuer Mitarbeitenden und unterstützen die Befolgung der festgelegten Arbeitsabläufe im Unternehmen (Brunner & Wagner, 2016, S. 91). Prozessbeschreibungen dokumentieren verbindlich die

Aktivitäten, die zur Umwandlung der Eingaben in Ergebnisse notwendig sind. Zudem geben sie Verantwortlichkeiten und Schnittstellen an. Sie beschreiben, wer was wann umzusetzen hat.

Dabei sollen nur die Prozesse beschrieben werden, die für das QMS erforderlich sind. Dies sind mindestens alle im Unternehmen durchgeführten Wertschöpfungsprozesse wie z. B. Entwicklung, Beschaffung, Produktion, Vertrieb oder Kundenservice. Ausgelagerte Prozesse müssen nicht beschrieben werden. Die Prozesse sind so zu dokumentieren, dass diese wie geplant durchgeführt werden können und somit einen Mehrwert für die internen Arbeitsabläufe in Ihrem Unternehmen darstellen. Anhand des Entscheidungsbaumes ist zu ermitteln, für welche Prozesse im Unternehmen Prozessbeschreibungen notwendig sind (Bild 5.2). Bei der Entscheidung sind zudem die Fehleranfälligkeit und Komplexität der jeweiligen Prozesse sowie der Aufwand des Prozessbeschreibens im Verhältnis zum nachträglichen Nutzen zu berücksichtigen.

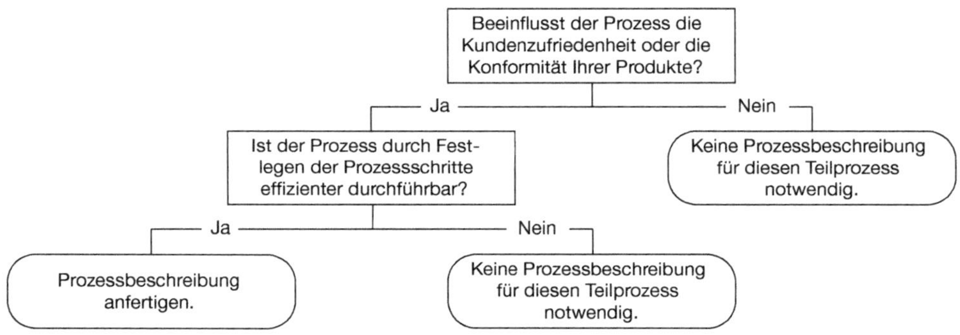

Bild 5.2 Entscheidungsbaum für Prozessbeschreibungen

Prozessbeschreibungen werden in der Regel in Form von Flussdiagrammen angefertigt (Linß, 2018, S. 177). Diese stellen den Ablauf eines Prozesses grafisch mit beschrifteten Symbolen von oben nach unten dar. Es gibt eine Vielzahl an Symbolen für Prozessbeschreibungen.

Die zu verwendenden Symbole sollen im Unternehmen auf ein Mindestmaß der notwendigen Symbole beschränkt werden, um die Handhabbarkeit zu erleichtern. Tabelle 5.3 zeigt einen Ausschnitt an Symbolen, angelehnt an die DIN 66001 „Informationsverarbeitung; Sinnbilder und ihre Anwendung“.

Tabelle 5.3 Symbole für Prozessbeschreibungen nach DIN 66001 (in Anlehnung an: DIN, 1983)

Symbole	Bezeichnung	Beschreibung
	Prozess-Input bzw. -Output	Stellt den Startpunkt oder das Ende eines Prozesses dar.
	Funktion	Ist der Prozessschritt oder die Tätigkeit: Beschreibt, was getan werden soll. Substantiv mit einem Verb, z. B. Lieferschein prüfen.
	Verzweigung bzw. Abfrage	Stellt eine Entscheidung oder Abfrage einer Bedingung dar, z. B. „Ist die Ware in Ordnung?" Ergibt min. zwei neue Wege, z. B. „ja/nein".
	Ereignis	Ist ein zeitpunktbezogener Zustand im Prozessablauf, z. B. ein Meilenstein. Das Eintreten zieht bestimmte Folgen nach sich.
	Verweis	Weist auf eine Verbindung zwischen zwei Stellen im Flussdiagramm hin. Werden mit Zahlen ausgefüllt.
	Organisations-einheit	Gibt an, welche Organisationseinheit den Prozess-schritt ausführt. Kann nur mit Funktionen verbunden werden.
	Prozess-Input bzw. -Output	Stellt den Startpunkt oder das Ende eines Prozesses dar.
	Informations-objekt	Stellt ein Element des Datenflusses dar, das für den Prozess notwendig sind, z. B. Adressdaten, Metadaten.
	Prozess	Verweist auf einen anderen Prozess, der separat beschrieben wird.
	Datenspeicher	Daten auf Speicher mit direktem Zugriff.
	Informationsfluss	Zeigt die Flussrichtung an.

Bei der Erstellung der Prozessbeschreibungen sind darüber hinaus folgende Regeln zu beachten:

- So viele Details wie nötig, aber so wenige wie möglich
- Standardprozess dokumentieren
- Nicht zu viele Eventualitäten miteinbeziehen

- Relevante Informationen in Stichpunkten vermitteln
- Aktiv formulieren
- In sinnvolle Schritte einteilen
- In max. 15 bis 20 Prozessschritte aufteilen

Weiterhin sind für die jeweiligen Prozesse Prozessziele zu definieren (Füermann, 2014, S. 64). Um die Zielerreichung steuern zu können, müssen Prozesskennzahlen für die jeweiligen Ziele abgeleitet und gemessen werden. Es sind jeweils Zielwerte, Messmethoden, Messfrequenzen und Verantwortlichkeiten für die Messung festzulegen, um den Anforderungen aus der ISO 9001 gerecht zu werden (Tabelle 5.4).

Tabelle 5.4 Beispiele für Prozessziele und -kennzahlen

Prozessziel	Kennzahl	Zielwert	Messmethode	Messfrequenz
Verringerung der Anzahl eingehender Reklamationen	Anzahl der Reklamationen	< 5 % zum Vorjahr	Zählung per Reklamationserfassungssystem	Halbjährliche Auswertung
Einhaltung der Liefertermine	Anteil der pünktlich ausgelieferten Produkte	> 93 %	Erfassen aller nicht pünktlich gelieferten Produkte im Verhältnis zu allen Lieferungen	Monatliche Auswertung
Einhaltung der Qualitätssicherung von Lieferanten	Anteil qualitätsgerecht ausgelieferter Produkte	> 98 %	Wareneingangsstichprobenprüfung	Alle Lieferungen des Lieferanten

In kleinen Unternehmen bietet es sich an, die Steuerungsverantwortlichkeiten dem jeweiligen Prozessverantwortlichen zuzuteilen. Zielwerte, Messmethoden, Messfrequenzen und Verantwortlichkeiten sind in einer Liste zu sichern. Pro Prozess sollten nicht mehr als 10 bis 15 Kennzahlen festgelegt werden.

Zudem sind für jeden Prozess Risiken und Chancen zu ermitteln. Diese sind mit einer Issue-Impact-Matrix zu priorisieren und die Risiken und Chancen mit hoher Priorität in der Prozessbeschreibung einzutragen. Für diese Chancen und Risiken sind Maßnahmen zu definieren.

Bei Änderungen müssen die Prozessbeschreibungen aktualisiert werden. Archivieren Sie die Vorgängerversionen.

Umsetzungshinweis

Definieren Sie im Team, für welche Prozesse Beschreibungen notwendig sind. Es bietet sich an, die Prozessbeschreibungen an einem Ort nach Geschäftsprozessen sortiert zu speichern. Die Prozesse werden vom jeweiligen Prozessverantwortlichen erstellt, von einer zweiten Person im Unternehmen geprüft und von der Geschäftsleitung unterschrieben und somit freigegeben. Der Prozessverantwortliche hat die Prozessbeschreibungen auf dem aktuellen Stand zu halten.

Schritt: 4.3

Beschreiben der Prozesse

Mitwirkend: Alle Personen im Unternehmen

Zeitpunkt: Während des Aufbaus des QMS

Vorlagen: 04_Maßnahmenplan
06_Prozesslandkarte
07_Prozessbeschreibung

Bestimmen Sie für die jeweiligen Prozesse Chancen und Risiken und legen Sie, wenn notwendig, Maßnahmen zu deren Behandlung fest.

Verzeichnen Sie in Ihrer Prozessübersicht in dem Dokument „Prozesslandkarte" für die jeweiligen Prozesse die Prozessziele.

Dokumentierte Information/QMH: Themenbereich „Rahmen des QM"

Beschreiben Sie in Ihrem QMH, wie in Ihrem Unternehmen sichergestellt wird, dass notwendige Prozesse wie geplant durchgeführt werden.

Erläutern Sie zudem, wie Sie Prozessbeschreibungen erstellen, und bilden Sie die verwendeten Symbole und ihre Bedeutungen ab.

Verlinken Sie an dieser Stelle im QMH alle dazugehörigen Dokumente. In Bezug auf diesen Leitfaden sind das folgende:

- Prozessbeschreibung „Prozessbeschreibung erstellen"
- Prozesslandkarte
- Vorlage „Prozessbeschreibung"

6 Personen im Unternehmen

Die Personen im Unternehmen sind eine der wichtigsten Parteien bei der Erfüllung des QMS (Hinsch, 2019, S. 94). Aus diesem Grund sind ihre Zufriedenheit und ihr Engagement im Unternehmen sicherzustellen. Da von ihnen die Effektivität des QMS abhängt, müssen sie sich der Bedeutung des QMS bewusst sein und dieses unterstützen. Der Unternehmensführung kommt die Aufgabe zu, das benötigte Qualitätsbewusstsein im Unternehmen zu etablieren.

6.1 Regeln der Verantwortlichkeiten

ISO 9001:2015: Abschnitt 7.1.2 und 5.3

Prozesse und Tätigkeiten laufen nur dann effektiv und effizient ab, wenn sich alle Prozessbeteiligten ihrer Aufgaben, Verantwortungen und Befugnisse bewusst sind. Sind keine klaren Verantwortlichkeiten zugeteilt und „jeder macht alles", kann dies dazu führen, dass Tätigkeiten doppelt oder gar nicht erledigt werden. Es ist notwendig, die Aufgabenbereiche aller Personen im Unternehmen klar festzustecken und zu definieren.

6.1.1 Zuordnen der Aufgabengebiete

Durch die Festlegung und Zuweisung klarer Rollen können Doppelarbeit und Fehlleistungen verhindert werden. Zudem sind die Kommunikationswege kürzer, da die Aufgabengebiete für jede Person im Unternehmen für alle transparent vorliegen.

Über ein Matrixdiagramm können die Tätigkeitsbereiche der einzelnen Personen und ihre Verantwortlichkeiten zusammengefasst werden. In diesem Sinne spricht man von einem Funktionendiagramm (Bild 6.1). Als Tätigkeitsbereiche können die Geschäftsprozesse verwendet werden.

Tätigkeit/Verrichtung	General Manager	Stellv. Manager	Küchenchef	Stellv. Küchenchef	Partiekoch	usw.
Küchenpersonal einstellen	M	P, M	E, A, V	–	–	
Neues Personal einarbeiten	–	–	–	A, V	A, V	
Lebensmittel bestellen	–	–	–	E	–	

A: Ausführungsrecht
P: Planung
E: Entscheidungsrecht
M: Mitspracherecht
V: Verantwortung

Bild 6.1 Ausschnitt aus einem Funktionendiagramm eines Restaurants (in Anlehnung an: Repetico GmbH, 2022)

Umsetzungshinweis

Bestimmen Sie im Team, wer für welche Aufgabenbereiche verantwortlich ist und wer welche Tätigkeiten ausführt. Dokumentieren Sie diese Verantwortlichkeiten in Ihrem Funktionendiagramm.

Schritt: 5.1

Zuordnen der Aufgabengebiete

Mitwirkend: Personalwesen

Zeitpunkt: Während des Aufbaus des QMS und bei Einstellung neuer Mitarbeitender

Vorlagen: 08_Funktionendiagramm

Aktualisieren Sie das Funktionendiagramm, wenn sich Aufgabengebiete verändern oder neue Mitarbeitende eingestellt werden.

6.1.2 Beschreiben der Tätigkeiten

Das Funktionendiagramm bietet eine grobe Übersicht über die Zuständigkeiten im Unternehmen. In einem Stellenprofil werden anders als im Funktionendiagramm die konkreten Aufgaben, Verantwortlichkeiten und Befugnisse geregelt (Koubek, 2015,

S. 76). Sie dienen als Hilfestellung bei Neubesetzung der Stelle, zur Archivierung der Stellenhistorie sowie zur Orientierung der Personen im Unternehmen. Außerdem kann anhand des Stellenprofils personenbezogen ermittelt werden, inwieweit für neue Tätigkeiten Schulungsmaßnahmen notwendig sind.

Ein Stellenprofil wird individuell auf eine einzelne Person im Unternehmen zugeschnitten. Jede Person kann verschiedene Rollen und Funktionen im Unternehmen einnehmen.

Umsetzungshinweis

Fertigen Sie für alle Personen in Ihrem Unternehmen Stellenprofile an. Achten Sie darauf, dass mit der Einstellung einer Person immer ein individuelles Stellenprofil angelegt wird, und archivieren Sie bei Dienstende einer Person das jeweilige Stellenprofil.

Schritt:	5.2
Beschreiben der Tätigkeiten	
Mitwirkend:	Personalwesen
Zeitpunkt:	Während des Aufbaus des QMS und bei Einstellung neuer Mitarbeitender
Vorlagen:	09_Stellenprofil

Bestimmen Sie im Team, wer für welche Aufgabenbereiche verantwortlich ist und wer welche Tätigkeiten ausführt. Dokumentieren Sie diese Verantwortlichkeiten in Ihrem Funktionendiagramm.

Aktualisieren Sie die Stellenprofile, wenn sich Aufgabenbereiche und Verantwortlichkeiten verändern oder neue Mitarbeitende eingestellt werden.

6.2 Festlegen der Verhaltensregeln

ISO 9001:2015: Abschnitt 5.1, 7.1.1, 7.1.3 und 7.3

Jede einzelne Person im Unternehmen trägt dazu bei, wie das Unternehmen von außen wahrgenommen wird (Koubek, 2015, S. 70). Die Personen im Unternehmen sind somit für den Ruf des Unternehmens verantwortlich. Aus diesem Grund ist es von Bedeutung, bestimmte Verhaltensregeln festzulegen.

6.2.1 Erarbeiten des Führungsleitbildes

Die oberste Leitung des Unternehmens spielt eine entscheidende Rolle für den Erfolg eines QMS. Sie sind das Vorbild für die Mitarbeitenden und leben die Qualitätsphilosophie des Unternehmens vor. Wichtig ist, dass alle Personen im Unternehmen ihre Verantwortungen kennen, um ihnen nachkommen zu können. In einem Führungsleitbild werden die Erwartungen an die Verhaltensweisen von Führungskräften beschrieben (Koubek, 2015, S. 65 – 66) (Bild 6.2).

Führungsgrundsatz	Beschreibung
Vorbild	Als Führungskräfte leben wir vor, was wir von den Mitarbeitenden verlangen, und nehmen damit in fachlicher und in persönlicher Hinsicht eine Vorbildfunktion wahr.
Glaubwürdigkeit	Unsere Handlungen und Verhalten stimmen mit den Worten überein. Wir halten Wort und wirken dadurch integer („walk your talk“).
Anerkennung /Kritik	Wir würdigen spezielle Leistungen der Mitarbeitenden unmittelbar. Wir loben ausdrücklich. Sachliche Kritik äußern wir ausschließlich direkt und halten uns dabei an das Gebot der Fairness.
Einbezug	Wir informieren offen und beziehen die Mitarbeitenden nach Möglichkeit in die Entscheidungsfindung ein.
Eigenverantwortung	Mitarbeitende aller Stufen schöpfen den individuellen Kompetenzrahmen selbstständig aus und beschaffen sich fehlende Entscheidungsgrundlagen aus eigener Initiative.
Förderung	Wir fördern die Mitarbeitenden umfassend: neben der Fachweiterbildung auch in der Führungs- und Sozialkompetenz.
Fehlerkultur	Wir lernen aus Fehlern. Kreativität und Innovation basieren auf einer gesunden Fehlerkultur.
Konfliktbewältigung	Wir sorgen für eine faire und rasche Behandlung von Konflikten. Lässt sich keine einvernehmliche Lösung treffen, können Betroffene an den nächsthöheren Vorgesetzten gelangen.
Schutz	Wir tragen die Verantwortung für Arbeitssicherheit, Gesundheit und Unversehrtheit der Mitarbeitenden und sorgen für ein gutes Betriebsklima.

Bild 6.2 Beispiel für ein Führungsleitbild (in Anlehnung an: Compendio Bildungsmedien AG, 2005)

Bei der Erarbeitung eines Führungsleitbildes können folgende Fragen unterstützen:

- Welches Verständnis von Führung herrscht im Unternehmen?
- Wie unterstützen die Führungskräfte die Erreichung der Ziele?
- Wie motivieren die Führungskräfte die Mitarbeitenden?
- Wie wird Erreichtes anerkannt?

- Welche Fehlerkultur herrscht im Unternehmen?
- Wie vermitteln Führungskräfte die Qualitätspolitik an neue Mitarbeitende?
- Wie schaffen die Führungskräfte eine kundenorientierte Haltung bei den Mitarbeitenden?

Umsetzungshinweis

Erarbeiten Sie im Team, z. B. durch Brainwriting, welche Aspekte Ihnen im Unternehmen bei der Mitarbeiterführung wichtig sind. Die Aspekte können Sie zudem über ein Affinitätsdiagramm strukturieren. Verfassen Sie aus den gesammelten Ergebnissen ein Führungsleitbild in Textform.

Schritt: 5.3

Erarbeiten des Führungsleitbildes

Mitwirkend: Unternehmensführung

Zeitpunkt: Während des Aufbaus des QMS

Vorlagen: 01_Qualitätsmanagementhandbuch

Dokumentierte Information/QMH

Verfassen Sie aus den gesammelten Ergebnissen ein Führungsleitbild in Textform und fügen Sie dieses in Ihr QMH ein.

6.2.2 Erarbeiten des Verhaltenskodexes

Ein Unternehmen kann nur dann erfolgreich sein, wenn sich seine Mitarbeitenden angemessen verhalten (Koubek, 2015, S. 70). Um dieses Verhalten anzuleiten, kann ein sogenannter Verhaltenskodex angefertigt werden. Dieser unterstützt durch Verhaltensrichtlinien die Mitarbeitenden bei ihrer täglichen Arbeit. Er schafft ein respektvolles Miteinander im Unternehmen und schützt vor Rechtsbrüchen, kriminellen Handlungen und unethischem Verhalten im Unternehmen. Bild 6.3 stellt einen Ausschnitt aus dem Verhaltenskodex der RUAG MRO Holding AG dar.

MENSCHEN BEI RUAG

Erfolgreich ist, wer auf Augenhöhe und wertschätzend die Bedürfnisse seines Umfelds antizipiert. Um dies zu erreichen, leben wir eine gestaltende, innovative und mutige Kultur, die auf der Basis von Vertrauen sowie ethisch korrektem und regelkonformem Verhalten beruht.

Ein etabliertes Wertesystem sowie eine gelebte Unternehmenskultur sind die Grundlage für unsere Arbeitsphilosophie und somit auch für die Umsetzung unserer Strategie.

↗ SCHWEIZERISCH

Unser schweizerischer Ansatz fördert Vielfalt - eine Vielfalt an Standorten, Kulturen, Ansichten, Berufen, Kompetenzen und Erfahrungen. Wir bei RUAG verpflichten uns zu einem respektvollen Umgang und zur Wahrung der schweizerischen Werte. Dies tun wir zu Gunsten heutiger und künftiger Generationen. Qualität, Präzision, Innovation sowie Pionierleistungen sichern unseren nachhaltigen wirtschaftlichen Erfolg.

Bild 6.3 Ausschnitt aus dem Verhaltenskodex der RUAG MRO Holding AG (RUAG MRO Holding AG, S. 7)

Die Verhaltensrichtlinien sind im Team zu erarbeiten. Die Teilnehmenden beurteilen dabei folgende Aspekte:

- Verantwortung gegenüber Mitarbeitenden, der Gesellschaft und der Umwelt
  - Wie wird die Einhaltung der Menschenrechte (Verbot von Zwangs- und Kinderarbeit) im Rahmen der Unternehmenstätigkeiten sichergestellt?
  - Wie wird Gleichbehandlung und Chancengleichheit im Unternehmen sichergestellt?
  - Wie ist der Umgang untereinander im Unternehmen?
  - Was sind die Standards für ökologisch verantwortungsvolles Handeln?
- Richtlinien im Umgang mit Kunden, Geschäftspartnern und staatlichen Stellen
  - Wie wird Korruption verhindert?
  - Welcher Beitrag wird zu einem fairen Wettbewerb geleistet?
  - Wie wird der Umgang mit staatlichen Behörden gehandhabt?
  - Wie ist das Verhalten gegenüber Kunden im Falle von Reklamationen, Anfragen, Beschwerden etc.?
  - Was sind die Standards für das Berichtswesen und die Rechnungslegung?
  - Welche Richtlinien für Kommunikation und Werbung gibt es?
- Richtlinien für die eigene Arbeit
  - Wie werden personenbezogene Daten gehandhabt?

- Wie werden geistiges Eigentum und Betriebsgeheimnisse geschützt?
- Wie wird Betriebsvermögen und -eigentum gehandhabt?

Umsetzungshinweis

Erarbeiten Sie im Team, z. B. durch Brainwriting, die zuvor angeführten Fragestellungen.

Schritt:	5.4
Erarbeiten des Verhaltenskodexes	
Mitwirkend:	Unternehmensführung
Zeitpunkt:	Während des Aufbaus des QMS
Vorlagen:	01_Qualitätsmanagementhandbuch

Verfassen Sie aus den gesammelten Ergebnissen einen Verhaltenskodex in Textform. Beschreiben Sie zudem in der Einleitung des Verhaltenskodexes den Zweck, die Verbindlichkeit und die Gültigkeit.

Dokumentierte Information/QMH

Dokumentieren Sie den erarbeiteten Verhaltenskodex in Ihrem QMH.

6.3 Festlegen der Kommunikationsregeln

ISO 9001:2015: Abschnitt 7.4 und 7.5

Kommunikationsmängel sind der Hauptverursacher von Fehlern. Sachverhalte können durch das Durchlaufen verschiedener Instanzen missverstanden werden. Um diese Fehler zu vermeiden, sollen die interne und externe Kommunikation geregelt werden.

6.3.1 Regeln der Kommunikation

Kommunikation in Unternehmen kann in geregelter Art und Weise in Form von regelmäßigen Besprechungen und Berichten stattfinden. Dies kann sowohl interne als auch externe Besprechungen mit Lieferanten, Partnern und Kunden betreffen. Diese Art von Kommunikation lässt sich in einfacher und zweckmäßiger Form über eine Kommunikationsmatrix regeln (Koubek, 2015, S. 155). Eine Kommunikationsmatrix stellt in übersichtlicher Form dar, welche geplante Kommunikation in welcher Art erfolgt (Bild 6.4). Durch diese Übersicht ist es möglich, nicht zweckmäßige oder doppelte Kommunikationen abzuschaffen. Darüber ist zu analysieren, ob alle Kommunikationsteilnehmenden notwendig sind und die Informationen aus der Kommunikation benötigen oder in der Zwischenzeit besser anderweitig eingesetzt werden könnten.

Name	Zweck	Sender	Empfänger	Zeit	Kanal
Projektbericht	• Information über Projektstand	Projektleiter	• Steuerkreis • Leiter Parallelprojekt	• 2-wöchentlich	• E-Mail
Teammeeting	• Wissensaustausch • Information über Unternehmen	Projektleiter	• Teamteilnehmende	• 1-monatlich für 2h • Freitagnachmittag	• Persönliches Treffen
Sales Telko	• Austausch Vertriebspotentiale	Leiter Vertrieb	• Vertriebspersonal der Geschäftseinheiten	• wöchentlich für 1h • Mittwoch 13-14h	• Telefonkonferenz

Bild 6.4 Beispiel für eine Kommunikationsmatrix

Umsetzungshinweis

Eruieren Sie unter Einbeziehung aller Personen im Unternehmen, welche regelmäßige Kommunikation in Ihrem Unternehmen in Form von Besprechungen und Berichten stattfindet. Dokumentieren Sie die jeweiligen Kommunikationen in Ihrer Kommunikationsmatrix.

Schritt: 5.5

Regeln der Kommunikation

Mitwirkend: Alle Personen im Unternehmen

Zeitpunkt: Während des Aufbaus des QMS und nach Geschäftsstart laufend

Vorlagen: 10_Kommunikationsmatrix

Ermitteln Sie daraufhin im Team, welche der aktuell stattfindenden Kommunikationen abgeschafft oder auf anderem Wege effizienter durchgeführt werden können. Arbeiten Sie die diskutierten Änderungen in die Kommunikationsmatrix ein. Aktualisieren Sie die Kommunikationsmatrix bei Veränderungen.

6.3.2 Dokumentieren der Kommunikation

Im Rahmen von Kommunikation im Unternehmen werden Entscheidungen getroffen und Maßnahmen festgelegt. Verbindlich werden die getroffenen Entscheidungen dadurch, dass sie dokumentiert werden. So ist nachvollziehbar, wann was wie beschlossen wurde und wer welche Verantwortungen übernimmt. Eine Art der Dokumentation der Kommunikationsbedingungen wird in jedem Unternehmen verwendet: der Terminkalender. Darin sind alle geplanten Besprechungen mit Thema, Teilnehmenden, Datum, Uhrzeit und Ort gespeichert.

Bei relevanten geplanten Besprechungen ist ein Protokoll zu führen. Dabei ist darauf zu achten, dass in dem Protokoll lediglich die wichtigsten Informationen in Stichpunkten gesichert werden. Im Protokoll sind ausschließlich die getroffenen Entscheidungen bzw. gemachten Ergebnisse zu dokumentieren.

Werden in einer Besprechung Maßnahmen vereinbart, sind diese direkt in den Maßnahmenplan zu integrieren.

Darüber hinaus sind alle wichtigen Ergebnisse und Entscheidungen aus dem E-Mail-Verkehr separat zu sichern. Dies betrifft z. B. im Anhang gesendete Angebote und Verträge sowie Entscheidung vom Kunden, wie z. B. Änderungswünsche, die per E-Mail kommuniziert werden. Diese sind in einem dafür vorgesehenen Dokument wie z. B. in dem Pflichtenheft festzuhalten. Ein Pflichtenheft ist die Grundlage für den Produktplanungsprozess (Linß, 2018, S. 213). Es enthält alle für die Umsetzung der Kundenanforderungen relevanten Merkmale (Linß, 2018).

Umsetzungshinweis

Stellen Sie sicher, dass alle geplanten Besprechungen über ein Protokoll oder über eingetragene Maßnahmen in den Maßnahmenplan dokumentiert werden. Prüfen und aktualisieren Sie den Maßnahmenplan laufend in festgelegten Abständen.

Schritt: 5.6

Dokumentieren der Kommunikation

Mitwirkend: Alle Personen im Unternehmen

Zeitpunkt: Nach Geschäftsstart laufend

Vorlagen: 04_Maßnahmenplan

6.3.3 Regeln der E-Mail-Kommunikation

Darüber hinaus kann Kommunikation ungeplant und unregelmäßig stattfinden (Koubek, 2015, S. 152–156). Ein großer Teil dieser ungeplant stattfindenden Kommunikation verläuft über den E-Mail-Verkehr. Dieser dient zudem als eines der wichtigsten Kommunikationsmittel zwischen dem Unternehmen und seinen interessierten Parteien. Aus diesem Grund kann es sinnvoll sein, allgemeine Regeln für die E-Mail-Kommunikation festzulegen.

Bei dem Aufstellen von E-Mail-Kommunikationsregeln können folgende Fragestellungen unterstützen:

- Wer wird als Empfänger festgelegt?
- Wann wird jemand in den CC gesetzt?
- Wie soll mit CC-E-Mails umgegangen werden?
- Wie soll auf Einladungen per E-Mail reagiert werden?
- Was muss in der Betreffzeile stehen?
- Welche Information muss die Betreffzeile bei der Antwort erhalten?
- Wie soll mit „Ketten-E-Mails" verfahren werden?
- Wie soll mit Anhängen verfahren werden?
- Wie soll intern und extern mit der elektronischen Signatur umgegangen werden?
- In welchem Zeitfenster soll auf E-Mails reagiert werden?
- Wie soll mit elektronischer Umleitung/Weiterleitung im Fall der Abwesenheit der kontaktierten Person umgegangen werden?
- Wird im Fall der Abwesenheit eine automatische Antwort oder eine automatische Weiterleitung erfolgen?
- In welcher Form und mit welchen Textbausteinen soll die Weiterleitung bzw. automatische Antwort erfolgen?
- Wer darf E-Mails an alle senden?
- Wie wird mit offensichtlich unsicheren E-Mails verfahren?

Umsetzungshinweis

Diskutieren Sie die vorangegangenen Fragestellungen im Team. Formulieren Sie aus den Ergebnissen die E-Mail-Kommunikationsregeln für Ihr Unternehmen.

Schritt:	5.7
Regeln der E-Mail-Kommunikation	
Mitwirkend:	Unternehmensführung
Zeitpunkt:	Während des Aufbaus des QMS
Vorlagen:	01_Qualitätsmanagementhandbuch

Dokumentierte Information/QMH

Dokumentieren Sie die E-Mail-Kommunikationsregeln in Ihrem QMH.

6.4 Feststellen der Kompetenz

ISO 9001:2015: Abschnitt 7.2

Kompetenz wird in der ISO 9000 als „Fähigkeit, Wissen und Fertigkeiten anzuwenden, um beabsichtigte Ergebnisse zu erzielen" definiert (DIN, 2015a, S. 53). Nachweisbare Kompetenzen werden als Qualifikation bezeichnet. Von der Kompetenz der im Unternehmen tätigen Personen hängt die Qualität der Unternehmensleistungen ab.

6.4.1 Entwickeln von Personen

Die Personen, die im Unternehmen tätig sind, müssen zur erfolgreichen Durchführung ihrer Aufgaben die notwendigen Kompetenzen besitzen. Dies macht eine Bestimmung der vorhandenen Kompetenzen einer Person sowie deren Ausprägung und einen Vergleich mit den Anforderungen notwendig. Mögliche Diskrepanzen zwischen der vorhandenen und der notwendigen Kompetenz müssen durch geeignete Schulungsmaßnahmen beseitigt werden. Um die vorhandenen Kompetenzen von Personen zu ermitteln, zu dokumentieren und mit der notwendigen Kompetenz zu vergleichen, lässt sich die Kompetenzmatrix anwenden. Fehlende Kompetenzen müssen ermittelt und entsprechende Maßnahmen zur Kompetenzvermittlung eingeleitet werden.

Die notwendigen Kompetenzen einer Person sind abhängig von den zugeteilten Tätigkeitsbereichen. Es ist regelmäßig zu ermitteln, ob die Personen über die notwendigen Kompetenzen verfügen. Bei vorhandener Kompetenz im Unternehmen ist es möglich, interne Schulungen durchzuführen, auf kostenfreie Onlinekurse zurückzugreifen oder Lernmaterialien zur autodidaktischen Weiterbildung anzuschaffen.

Umsetzungshinweis

Erstellen Sie eine Kompetenzmatrix, um mögliche Unzulänglichkeiten in der Kompetenz der Personen Ihres Unternehmens zu ermitteln. Nutzen Sie einen Schulungsplan, um den festgestellten Schulungsbedarf zu dokumentieren und die Schulung zu planen. Archivieren Sie Schulungszertifikate oder Teilnehmerlisten, um durchgeführte Schulungen im Unternehmen z. B. in einem Audit nachweisen zu können.

Schritt: 5.8

Entwickeln von Personen

Mitwirkend: Personalwesen

Zeitpunkt: Nach Geschäftsstart laufend

Vorlagen: 11_Schulungsplan

Aktualisieren Sie die Stellenprofile nach den Schulungsmaßnahmen.

6.4.2 Rekrutieren und Einarbeiten von Personen

Für die Zukunft des Unternehmens ist es von besonderer Bedeutung, kompetente Personen einzustellen. Um dies zu gewährleisten, werden die Bewerber nach zuvor klar definierten Kriterien bewertet und ausgewählt. Hierzu wird eine Bewerberübersicht mit den wichtigsten Kriterien erstellt und diese jeweils bewertet.

Nachdem erfolgreich eine neue Person eingestellt wurde, muss diese in die Unternehmensabläufe eingearbeitet werden. Die Einarbeitung bezeichnet die fachliche und soziale Eingliederung eines neuen Mitarbeitenden. Hierbei empfiehlt es sich, einen Einarbeitungsplan zu erstellen. In diesem wird festgelegt, welche Maßnahmen durch welche Personen und in welchem Zeitrahmen hierzu notwendig sind.

Umsetzungshinweis

Erstellen Sie Einarbeitungspläne für neue Mitarbeitende. Arbeiten Sie den Einarbeitungsplan als Betreuer gemeinsam mit der neu eingestellten Person aus und lassen Sie ihm diese zukommen. Stellen Sie sicher, dass die Vermittlung des QMS im Einarbeitungsplan berücksichtigt wird und neu eingestellte Mitarbeitende auf das QMH sowie die Prozessbeschreibungen zugreifen können.

Schritt: 5.9

Rekrutieren und Einarbeiten von Personen

Mitwirkend: Alle Personen im Unternehmen

Zeitpunkt: Bei Bedarf an und Einstellung von neuen Mitarbeitenden

Vorlagen: 12_Bewerberliste
13_Einarbeitungsplan

Dokumentierte Information/QMH

Alle Beteiligten müssen bei Bedarf auf das QMH zugreifen können.

6.5 Dokumentieren von Wissen

ISO 9001:2015: Abschnitt 7.1.6

Laut DIN (2015b, S. 28) ist durch Erfahrungen erlangtes Wissen in Unternehmen zu erfassen und den Personen im Unternehmen zur Verfügung zu stellen. Die Norm bezieht sich auf das Wissen, das notwendig ist, um die Geschäftsprozesse des Unternehmens aufrechtzuerhalten.

Hierzu kann ein Casebook angewandt werden (Koubek, 2015, S. 140). In einem Casebook (dt. Fallbuch) werden die individuellen Lernerfahrungen und Erkenntnisse in Form von sogenannten Mikroartikeln durch die Personen im Unternehmen gesammelt. Ein Mikroartikel ist eine komprimierte Fallstudie, die dazu dient, gemachte Erfahrungen und daraus gewonnene Einsichten, sogenannte *lessons learned,* dem Team zur Verfügung zu stellen. Diese können die gewonnenen Erkenntnisse in ihre Arbeit integrieren, um nicht dieselben Fehler erneut zu begehen. Wenn Personen neue Einsichten aus demselben Sachverhalt generieren, müssen die Mikroartikel aktualisiert werden. Ein Mikroartikel kann wie folgt strukturiert sein:

- Thema oder Problem
- Geschichte und Kontext
- Einsichten (lessons learned)
- Folgerungen
- Eventuelle Anschlussfragen

Casebooks können projektspezifisch geführt werden. In einem Start-up-Unternehmen bietet es sich aufgrund der geringen Anzahl an Projekten an, ein zentrales Casebook zu führen, in dem die Mikroartikel in bestimmte Kapitel sortiert werden.

Umsetzungshinweis

Führen Sie ein Casebook in Ihrem Unternehmen ein und schulen Sie die Personen in Ihrem Unternehmen im Umgang damit. Überprüfen Sie die Inhalte des Casebooks regelmäßig und motivieren Sie die Personen im Unternehmen dazu, gemachte Erfahrungen zu dokumentieren.

Schritt: 5.10

Dokumentieren von Wissen

Mitwirkend: Alle Personen im Unternehmen

Zeitpunkt: Vor und nach Geschäftsstart laufend

Vorlagen: 14_Casebook

Dokumentierte Information/QMH: Themenbereich „Personen im Unternehmen“

Beschreiben Sie in Ihrem QMH, wie Sie die Verantwortlichkeiten in Ihrem Unternehmen regeln. Legen Sie zudem die Kommunikationsregeln in Ihrem Unternehmen dar. Führen Sie weiterhin aus, wie Sie die Kompetenz der in Ihrem Unternehmen tätigen Personen überprüfen und anpassen und wie Sie kompetente Personen für Ihr Unternehmen auswählen und diese in Ihre Unternehmensabläufe einarbeiten.

Verlinken Sie an dieser Stelle im QMH alle dazugehörigen Dokumente. In Bezug auf diesen Leitfaden sind das folgende:

- Casebook
- Kommunikationsmatrix
- Prozessbeschreibung „Einarbeitung neuer Mitarbeitender"
- Prozessbeschreibung „Rekrutierung neuer Mitarbeitender"
- Vorlage „Bewerberliste"
- Vorlage „Einarbeitungsplan"
- Vorlage „Stellenprofil"
- Funktionendiagramm
- Schulungsplan

7 Qualitätsmanagement in der Produktentwicklung

Qualität muss von Beginn an in die Produkte hineinentwickelt werden (Brunner & Wagner, 2016, S. 135). Das bedeutet, bereits im Produktentwicklungsprozess dafür Sorge zu tragen, dass möglichst fehlerfreie und anforderungsgerechte Produkte entstehen. Denn die Kosten zur Behebung eines Fehlers verzehnfachen sich laut der 10er-Regel von jeder Produktlebensphase zur nächsten (Bild 7.1) (Jobs, 2016, S. 111 – 112).

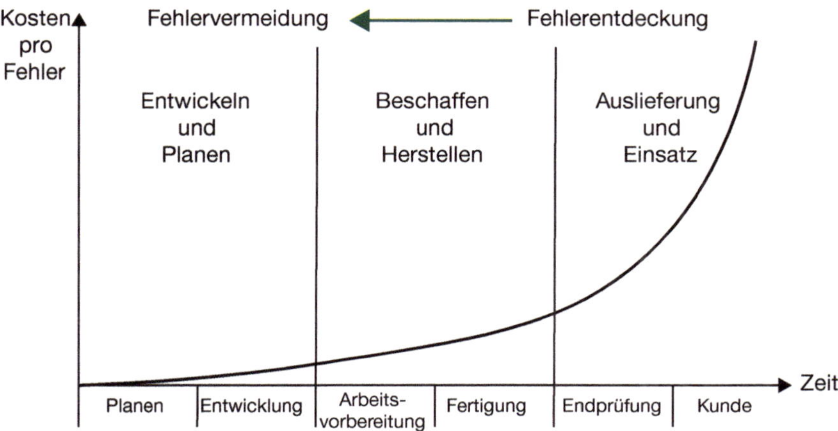

Bild 7.1 10er-Regel der Fehlerkosten (in Anlehnung an: Brüggemann & Bremer, 2020a, S. 29)

Das Ziel der Produktentwicklung ist es, markt-, zeit- und kostengerechte neue Produkte zu kreieren (Koubek, 2015, S. 201 – 206). Um qualitativ hochwertige Produkte entwickeln zu können, muss das Qualitätsmanagement in den Entwicklungsprozess integriert werden.

7.1 Planen des Entwicklungsprozesses

ISO 9001:2015: Abschnitt 8.3.1

Der Produktentwicklungsprozess beginnt bei der Ideengeneration und reicht bis zur Markteinführung des Produkts (Koubek, 2015, S. 201 – 206). Eine systematische und qualitätsorientierte Vorgehensweise kann Doppel- und Mehrfacharbeiten, Fehler, mangelnde Nachvollziehbarkeit, fehlende Dokumentation, Schnittstellenprobleme sowie Kostenüberschreitungen vermeiden.

7.1.1 Festlegen der Entwicklungsphasen

Mehrere einzelne Arbeitsschritte werden im Entwicklungsprozess zu Phasen zusammengefasst (Koubek, 2015, S. 208 – 210). In der Literatur werden zahlreiche Varianten von Phasenkonzepten des Entwicklungsprozesses vorgeschlagen. Die Phasen im Entwicklungsprozess stimmen jedoch grundsätzlich überein und folgen einer gemeinsamen Logik. Sie bieten somit eine generelle Leitlinie beim Erarbeiten des Entwicklungsprozesses. Grundsätzlich lassen sich vier übergeordnete Phasen identifizieren (Tabelle 7.1).

Tabelle 7.1 Mögliche Einteilung des Produktentwicklungsprozesses in Phasen (in Anlehnung an: Koubek, 2015, S. 210)

Nr.	Phase	Dokumente
1	Planungsphase	Lastenheft
2	Konzeptphase	Konzept
3	Entwurfsphase	Pflichtenheft
4	Ausarbeitungsphase	Dokumentation zur Realisierung

In der Planungsphase wird die Aufgabenstellung präzisiert, die Zielgruppe festgelegt, deren Anforderungen ermittelt sowie die rechtlichen Rahmenbedingungen recherchiert (Kuster et al., 2008, S. 16 – 23). Daraufhin werden in der Konzeptphase mehrere verschiedene Lösungen in Bezug auf die Aufgabenstellung erarbeitet, nach bestimmten Aspekten bewertet und die erfolgversprechendste weiterverfolgt. In einem schriftlichen Konzept werden die Struktur, der Aufbau, die Funktionen sowie mögliche Varianten der ausgewählten Lösung schriftlich beschrieben. In der Entwurfsphase wird das schriftliche Konzept gestalterisch umgesetzt und erste physische Prototypen werden gebaut, um Ideen zu testen sowie Kundenfeedback einzuholen. In der letzten Phase, der Ausarbeitungsphase, wird das Produkt auf Grundlage des Kundenfeedbacks und der Testergebnisse angepasst, sodass es in Serie hergestellt werden kann.

Umsetzungshinweis

Legen Sie im Team die für Ihr Unternehmen zweckmäßigen Phasen bei der Produktentwicklung fest und definieren Sie die notwendigen Tätigkeiten in den jeweiligen Phasen.

Schritt:	6.1
Festlegen der Entwicklungsphasen	
Mitwirkend:	Entwicklung
Zeitpunkt:	Vor Beginn der ersten Produktentwicklung
Vorlagen:	01_Qualitätsmanagementhandbuch 02_Projektzeitplan

Integrieren Sie die festgelegten Phasen in Ihrem Projektzeitplan.

Erstellen Sie ggf. eine spezifische Vorlage für Projektzeitpläne für Produktentwicklungsprojekte.

Dokumentierte Information/QMH

Dokumentieren Sie die festgelegten Phasen mit den entsprechenden Tätigkeiten in Ihrem QMH.

7.1.2 Steuern des Produktentwicklungsprozesses

Der Entwicklungsprozess weist einen dynamischen Charakter auf und wird nicht sequenziell durchlaufen (Brunner & Wagner, 2016, S. 136). Es ergeben sich immer wieder neue Probleme, deren Lösungsweg und -dauer noch nicht bekannt sind. Nach Abschluss jeder Phase wird ein Quality Gate (dt. Qualitätsprüfpunkt) eingerichtet. Das sind Meilensteine, an denen die Erreichung eines zuvor definierten Ergebnisses geprüft wird und auf deren Grundlage ein festgelegtes Gremium über das Passieren des Quality Gates entscheidet. Bei Nichterreichen des Meilensteins springt man zu bereits durchlaufenen Prozessphasen zurück. Die Prüfungen an den Quality Gates basieren auf projektspezifischen Checklisten, in denen die zu prüfenden Merkmale in Bezug auf das spezifische Produkt gelistet sind.

Durch die Quality Gates wird über den gesamten Entwicklungsprozess hinweg sichergestellt, dass die gewünschten Ergebnisse erreicht werden (Koubek, 2015, S. 220).

Umsetzungshinweis

Legen Sie im Team die Messpunkte für die Quality Gates in Ihrem Produktentwicklungsprozess fest. Definieren Sie die allgemeinen Anforderungen für die jeweiligen Quality Gates.

Schritt: 6.2

Steuern des Produktentwicklungsprozesses

Mitwirkend: Entwicklung

Zeitpunkt: Vor Beginn der ersten Produktentwicklung

Vorlagen: 01_Qualitätsmanagementhandbuch
02_Projektzeitplan

Dokumentierte Information/QMH

Ergänzen Sie die Quality Gates einschließlich der definierten Anforderungen in Ihrem QMH und Ihrem spezifischen Zeitplan für Produktentwicklungen.

7.1.3 Dokumentieren des Produktentwicklungsprozesses

Die Phasen stellen die obersten Prozessbausteine dar und bestehen jeweils aus verschiedenen einzelnen Arbeitsschritten (Koubek, 2015, S. 208). Der Produktentwicklungsprozess muss in einer Prozessbeschreibung festgehalten werden, da er mit einer Vielzahl unterschiedlicher Einzelaktivitäten verbunden ist. Die Schritte im Entwicklungsprozess sind vom Neuheitsgrad und der Komplexität des zu entwickelnden Produktes sowie den Kapazitäten des Unternehmens abhängig. Beispielsweise sind die Voraussetzungen bei der Entwicklung eines abgewandelten bestehenden Produktes anders als bei der Erfindung eines vollkommen neuen Produktes.

Umsetzungshinweis

Erarbeiten Sie im Team einen umfassenden Produktentwicklungsprozess. Berücksichtigen Sie dabei die im Folgenden vorgestellten Anforderungen und Notwendigkeiten an den Produktentwicklungsprozess. Integrieren Sie zudem die festgelegten Entwicklungsphasen und Quality Gates.

Schritt: 6.3

Dokumentieren des Produktentwicklungsprozesses

Mitwirkend: Entwicklung

Zeitpunkt: Vor Beginn der ersten Produktentwicklung

Vorlagen: 07_Prozessbeschreibung

Folgen Sie bei zukünftigen Produktentwicklungen diesem festgelegten Prozessablauf. Passen Sie den Produktentwicklungsprozess bei Bedarf an.

7.2 Planen der Entwicklung

ISO 9001:2015: Abschnitt 8.3.2, 8.3.4 und 8.3.6

Die Planung der Produktentwicklung ist ein wichtiger Schritt in der Vorbereitung der darauffolgenden Entwicklung. Ziel ist es, einen Rahmen für das Entwicklungsvorhaben zu schaffen, indem Ziele und Ressourcen vorausgeplant werden sowie das zu entwickelnde Produkt genau definiert wird.

7.2.1 Planen der Ressourcen während der Entwicklung

Die Produktentwicklung ist ein Projekt mit klar abgesteckten Rahmenbedingungen (Koubek, 2015, S. 198). Zu Beginn des Projektes muss die Aufgabenstellung für das konkrete Entwicklungsvorhaben geklärt, präzisiert und formuliert werden. Diese Informationen werden in dem Lastenheft verzeichnet.

Um das Projekt erfolgreich durchführen zu können, müssen diese Ressourcen geplant und festgesteckt werden. Zudem müssen Verantwortlichkeiten im Rahmen des Entwicklungsprojektes verteilt werden. Dies umfasst die Bestimmung eines Projektleiters, der die Hauptverantwortung für das Projekt übernimmt. Zudem ist sie für die Moderation der Projektbesprechungen sowie für die angemessene Dokumentation des Projektverlaufes zuständig. Zu der Dokumentation gehört es, zum Ende der Entwicklung einen Projektbericht zu verfassen, um den durchlaufenen Entwicklungsprozess und gemachte Entscheidungen für andere nachvollziehbar zu machen.

Grundlage des Projektberichtes sind die regelmäßigen Besprechungsprotokolle. Um die Rahmenbedingungen zum Projekt festzuhalten, kann ein Projektsteckbrief erstellt werden.

Darüber hinaus muss der Entwicklungsprozess zeitlich festgelegt werden, indem Tätigkeiten terminiert und Meilensteine festgelegt werden. Hierzu wird ein Projektzeitplan angefertigt.

Umsetzungshinweis

Bestimmen Sie zu Beginn des Entwicklungsprojektes eine Projektleitung. Beschreiben Sie im Lastenheft das zu entwickelnde Produkt, die notwendigen Ressourcen und die beteiligten Personen. Aktualisieren Sie das Lastenheft, wenn Veränderungen notwendig sind.

Schritt:	6.4
Planen der Ressourcen während der Entwicklung	
Mitwirkend:	Entwicklung
Zeitpunkt:	Zeitpunkt der Umsetzung in Bezug auf den Aufbau des QMS oder den Produktlebenszyklus
Vorlagen:	02_Projektzeitplan 15_Lastenheft 16_Entwicklungsbericht

Stellen Sie sicher, dass die Besprechungen im Rahmen der Produktentwicklung protokolliert werden und zum Ende des Entwicklungsprozesses ein Entwicklungsbericht verfasst wird.

Fixieren Sie die notwendigen konkreten Arbeitsschritte sowie deren Bearbeitungszeitrahmen für das spezifische Entwicklungsprojekt im Projektzeitplan. Weisen Sie den Tätigkeiten Verantwortliche zu und planen Sie adäquate Puffer für die Iterationsschleifen ein. Erarbeiten Sie den Projektzeitplan im Team. Legen Sie zudem die zu erreichenden konkreten Ergebnisse an den jeweiligen Quality Gates fest. Die notwendigen Prüfungen können Sie in Form von Checklisten in den Projektzeitplan integrieren. Stellen Sie sicher, dass die Prüfungen der Zwischenergebnisse in Form von Quality Gates durchgeführt werden.

7.2.2 Handhaben von Änderungen während der Entwicklung

Im Entwicklungsprozess wird eine noch nicht vollständig spezifizierte Lösung verfolgt, die erst im Laufe des Entwicklungsprozesses ausgearbeitet und spezifiziert wird (Koubek, 2015, S. 225 – 227). Es kann sich herausstellen, dass bestimmte Anforderungen mit der verfolgten Produktlösung nicht oder nicht vollständig erfüllt werden können, sodass Änderungen an der Lösung vorgenommen werden müssen. Darüber hinaus kann es vorkommen, dass sich durch eine veränderte Marktsituation die Anforderungen an das Produkt verändern. Dadurch kann es erforderlich sein, Änderungen an der geplanten Lösung vorzunehmen.

Vor Umsetzung der Änderungen muss sichergestellt werden, dass sich diese nicht nachteilig auf die Erfüllung der Anforderungen auswirken. Hierzu werden die Machbarkeit, der Aufwand und der Einfluss auf das Produkt bewertet. Wenn keine negativen Einflüsse bestehen, müssen die Änderungen durch eine Person mit Entscheidungsbefugnis freigegeben werden.

Veränderte Anforderungen werden in dem Lastenheft dokumentiert. Änderungen an der geplanten Lösung werden in einer Änderungshistorie im Pflichtenheft verzeichnet. Die aus den Änderungen resultierenden notwendigen Maßnahmen werden in den Maßnahmenplan aufgenommen.

Umsetzungshinweis

Erfassen Sie als erforderlich eingestufte Änderungen während oder nach dem Entwicklungsprozess und untersuchen Sie diese auf ihre potenziellen Risiken. Genehmigen Sie die Änderungen bei entsprechendem Ergebnis der Risikoanalyse durch eine Unterschrift und eine Angabe des Datums.

Schritt: 6.5

Handhaben von Änderungen während der Entwicklung

Mitwirkend: Entwicklung

Zeitpunkt: Während jeder Produktentwicklung

Vorlagen: 04_Maßnahmenplan
15_Lastenheft
17_Pflichtenheft

Planen Sie daraufhin notwendige Maßnahmen und aktualisieren Sie dazugehörige Dokumente wie z. B. das Lasten- und Pflichtenheft. Dokumentieren Sie die Änderungen zudem im Projektbericht und die geplanten Maßnahmen im Maßnahmenplan.

7.3 Gestalten der Anforderungen

ISO 9001:2015: Abschnitt 8.1, 8.2 und 8.3.3

Entscheidend für den Produkterfolg ist die Erfüllung der relevanten Kundenbedürfnisse und regulatorischen Anforderungen. Sie gelten als die wichtigsten Entwicklungseingaben für den Entwicklungsprozess. Aus diesem Grund müssen sie vor Entwicklungsbeginn erhoben werden. Zu Beginn der Entwicklungstätigkeiten sind Anforderungen unvollständig und im Detail nicht bekannt oder festlegbar, denn die Lösung gilt es noch zu entwickeln. Die Anforderungen müssen vom Unternehmen somit selbst gestaltet und antizipiert werden (Koubek, 2015, S. 178).

7.3.1 Ermitteln der Kundenanforderungen

Die wichtigsten Anforderungen stammen vom Kunden, da er das zu entwickelnde Produkt später kaufen soll (Koubek, 2015, S. 178). Je nachdem, ob es sich bei dem zu entwickelnden Produkt um ein Standardprodukt, eine Spezialanfertigung oder eine kundenindividuelle Massenanfertigung handelt, sind unterschiedliche Aspekte zu beachten. Dieser Leitfaden konzentriert sich auf die Ermittlung von Kundenanforderungen bei Standardprodukten. Im Fall von Standardprodukten erfolgt die Produktentwicklung für einen anonymen, aber zuvor fest definierten Kundenkreis. Bei Spezialanfertigungen werden die Kundenanforderungen in der Regel im Rahmen eines Vertrages festgelegt.

Eine Empathy-Map (Bild 7.2) kann verwendet werden, um systematisch mögliche Kundenwünsche und -probleme in Bezug auf ein konkretes Produkt zu ermitteln (Lungershausen, 2021, S. 187).

Dabei wird das Produkt aus Sicht des Kunden betrachtet und seine Anforderungen daraus abgeleitet. Zuallererst werden die möglichen Gedanken des Kunden in Bezug auf das Produkt zusammengetragen.

Daraufhin werden unangenehme Situationen, die bei Nutzung des Produktes auftreten können (Kundenprobleme), eruiert und bestimmt, was die Kunden in Bezug auf das Produkt erwarten (Kundengewinne).

Die Antworten können auf Erfahrung in der Branche, auf externen Daten, auf primären Datenerhebungen oder subjektiven Einschätzungen basieren. Aus der erstellten Empathy-Map können Kundenanforderungen an das Produkt abgeleitet werden. Wichtig ist es, die Anforderungen konkret zu formulieren und auf denselben hohen Detaillierungsgrad zu bringen (Bild 7.3).

Bild 7.2 Struktur der Empathy-Map

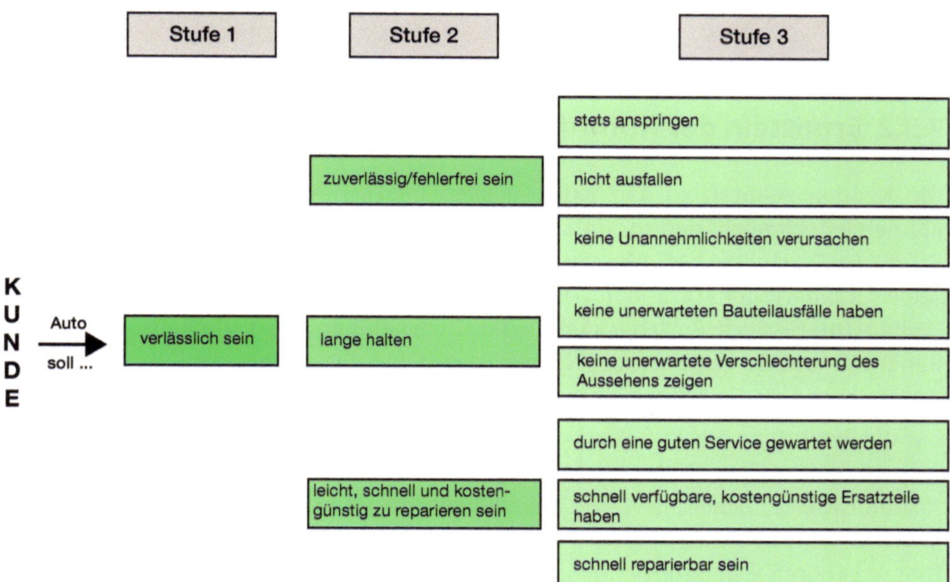

Bild 7.3 Detaillierungsgrad von Kundenanforderungen (in Anlehnung an: Brüggemann & Bremer, 2020a, S. 35)

Die ermittelten Anforderungen werden in einem unternehmensinternen Lastenheft in Form von textlicher Beschreibung, Auflistungen, Zeichnungen, Pläne und Fotos notiert (Hinsch, 2019, S. 76). Die Anforderungen können die Funktionalität, das Design, die Leistungserbringung, die Materialien sowie die Prüfung und die Abnahme betreffen.

Umsetzungshinweis

Erstellen Sie im Team eine Empathy-Map. Leiten Sie die Anforderungen Ihrer Kunden an das zu entwickelnde Produkt von den Informationen der Empathy-Map ab und erfassen Sie die Anforderungen in Ihrem Lastenheft. Aktualisieren Sie die Anforderungen im Lastenheft bei neuen Erkenntnissen zu den Kundenanforderungen.

Schritt: 6.6

Ermitteln der Kundenanforderungen

Mitwirkend: Entwicklung

Zeitpunkt: Vor Festlegung der Produktmerkmale

Vorlagen: 15_Lastenheft

7.3.2 Ermitteln der Anforderungen interessierter Parteien

Die Kunden gehören zu der bedeutendsten interessierten Partei. Darüber hinaus können jedoch noch andere, am Lebenszyklus des Produktes beteiligte Gruppen den Erfolg des Produktes beeinflussen. Je nach Geschäftsbereich ist der Kunde nicht dieselbe Person wie der Konsument. Dies ist vor allem im B2B-Geschäft zu berücksichtigen. Weitere interessierte Parteien können das Unternehmen selbst, die Konsumenten, die Behörden und Gesetzgeber, die Normungsgremien, die Lieferanten, die Banken, die Anrainer und die Gesellschaft darstellen.

Für die Ermittlung der Anforderungen seitens der Konsumenten kann eine Empathy-Map erstellt werden. Zudem werden die auf das Produkt und Unternehmen zutreffenden Gesetze recherchiert und die Anforderungen extrahiert. Zuletzt werden die unternehmensinternen Anforderungen, die auf das Produkt zutreffen ermittelt. Hierzu gehören z. B. unternehmensinterne Richtlinien zu bestimmten Normen.

Umsetzungshinweis

Erstellen Sie im Team, wenn notwendig, eine Empathy-Map für die Konsumenten Ihres zu entwickelnden Produktes. Leiten Sie die Anforderungen Ihrer Konsumenten an das zu entwickelnde Produkt von den Informationen der Empathy-Map ab. Recherchieren Sie zudem gesetzliche und behördliche Anforderungen, die auf Ihr Produkt zutreffen. Kontrollieren Sie, welche internen Regelungen Ihr zu entwickelndes Produkt betreffen. Erfassen Sie die Anforderungen in Ihrem Lastenheft. Aktualisieren Sie das Lastenheft bei neuen Erkenntnissen zu den Anforderungen der interessierten Parteien.

Schritt: 6.7

Ermitteln der Anforderungen interessierter Parteien

Mitwirkend: Entwicklung

Zeitpunkt: Vor Festlegung der Produktmerkmale

Vorlagen: 15_Lastenheft

7.3.3 Priorisieren der Anforderungen

Kundenanforderungen lassen sich laut Kano in folgende drei Arten von Anforderungen kategorisieren (Kano et al., 1984):

- Basisanforderungen
- Leistungsanforderungen und
- Begeisterungsanforderungen.

Die Basisanforderungen sind für den Kunden selbstverständlich und werden von diesem bei Nachfrage nicht explizit erwähnt (Kano et al., 1984). Die Leistungsanforderungen werden vom Kunden erwartet und erhöhen mit Erfüllungsgrad die Kundenzufriedenheit. Begeisterungsanforderungen werden vom Kunden nicht erwartet, können von diesem im Vorfeld nicht benannt werden und erhöhen die Kundenzufriedenheit stark.

Die Anforderungen haben somit je nach Art eine unterschiedliche Bedeutung für den Kunden oder Konsumenten. Aus diesem Grund müssen die gesammelten Kunden- und Konsumentenanforderungen auf ihre Wichtigkeit hin bewertet und priorisiert werden. Hierzu kann der paarweise Vergleich angewandt werden. Dies ist eine Bewertungsmethode, mit der alle Anforderungen miteinander verglichen werden, um sie in eine Rangfolge zu bringen (Kamiske, 2015, S. 575 – 579). Dabei vergleicht man über eine Matrix zeilenweise die Anforderungen miteinander und entscheidet über die Eintragung eines Wertes, welche jeweils wichtiger ist (Bild 7.4).

als / wichtiger	Kriterium 1	Kriterium 2	Kriterium 3	Kriterium 4	Kriterium 5	Kriterium 6	Kriterium 7	Kriterium 8	Kriterium 9	Kriterium 10	Summe	Prozent [%]
Kriterium 1		1	1	1	1	1	1	1	1	1	9	28,13 %
Kriterium 2			1	1	1	1	0	0	1	1	6	18,75 %
Kriterium 3				1	1	0	0	1	1	0	4	12,50 %
Kriterium 4					1	1	0	1	0	0	3	9,38 %
Kriterium 5						1	0	1	1	0	3	9,38 %
Kriterium 6							1	1	1	1	4	12,50 %
Kriterium 7								1	0	0	1	3,13 %
Kriterium 8									1	0	1	3,13 %
Kriterium 9										1	1	3,13 %
Kriterium 10											0	0,00 %
											Prüfsumme	100 %

Bild 7.4 Beispiel für einen paarweisen Vergleich von zehn Kriterien (in Anlehnung an: Kamiske, 2015, S. 575)

Der Wert „0“ wird eingetragen, wenn die Anforderung aus der Zeile weniger wichtig, „1“, wenn sie gleich wichtig und „2“, wenn sie wichtiger ist als die Anforderung aus der Spalte (Kamiske, 2015, S. 575 – 579). Die Summe der Werte aus den jeweiligen Zeilen ergibt die Priorität der Anforderung.

Umsetzungshinweis

Priorisieren Sie die Kunden- und Konsumentenanforderungen im Team. Erstellen Sie separate Matrizes für die Kunden- und Konsumentenanforderungen.

Schritt: 6.8

Priorisieren der Anforderungen

Mitwirkend: Entwicklung

Zeitpunkt: Vor Festlegung der Produktmerkmale

Vorlagen: 15_Lastenheft

Die relevanten unternehmensinternen und gesetzlichen bzw. behördlichen Anforderungen müssen nicht priorisiert werden, da sie in jedem Fall zu erfüllen sind. Notieren Sie die Prioritäten in Ihrem Lastenheft.

7.3.4 Umsetzen der Anforderungen

In einem nächsten Schritt muss überlegt werden, wie die Anforderungen konkret umgesetzt werden sollen. Hierzu werden verschiedene Lösungen gesammelt und diese nach den Perspektiven der Realisierbarkeit bewertet sowie über Prototypen getestet. Die Realisierbarkeit kann von fünf verschiedenen Perspektiven analysiert werden (Tabelle 7.2).

Tabelle 7.2 Perspektiven der Realisierbarkeit von Anforderungen (in Anlehnung an: Koubek, 2015, S. 184)

Perspektive	Beispiele
Juristische Machbarkeit	Einhaltung der Gewährleistung und Garantie
	Entsprechen des Haftungsgesetzes
Kaufmännische Machbarkeit	Einhaltung von Zielpreisen
	Wirtschaftlichkeit der Umsetzung
Logistische Machbarkeit	Lagerhaltbarkeit des Produktes
	Lieferstrategie
Technische Machbarkeit	Verfügbarkeit und Bearbeitbarkeit des Werkstoffes
	Prozessfähigkeit des Produktherstellungsprozesses
	Herstellbarkeit notwendiger Toleranzen
Terminliche Machbarkeit	Einhaltung von Lieferterminen
	Abhängigkeiten von externen Lieferanten

Die jeweils ausgewählten Lösungen zur Umsetzung der Kundenanforderungen werden als Produktmerkmale und Produktionsparameter in dem Pflichtenheft dokumentiert (Linß, 2018, S. 213 – 214). Die Entwicklung des Produktes erfolgt unmittelbar aus diesem Dokument.

Im Rahmen der Entwicklung soll die Fehlervermeidungstechnik Poka Yoke verwendet werden (Shingo & Shingo, 1986, S. 90 – 100). Durch einfache Vorrichtungen am Produkt soll das Auftreten menschlicher Anwendungsfehler vermieden werden (Bild 7.5). Hierzu werden alle möglichen Montage- oder Anwendungsfehler durch den Nutzer aufgelistet. Je nach Auswirkung der Fehlmontage oder -anwendung werden Vermeidungsmöglichkeiten durch ein entsprechendes Design des Produktes entwickelt.

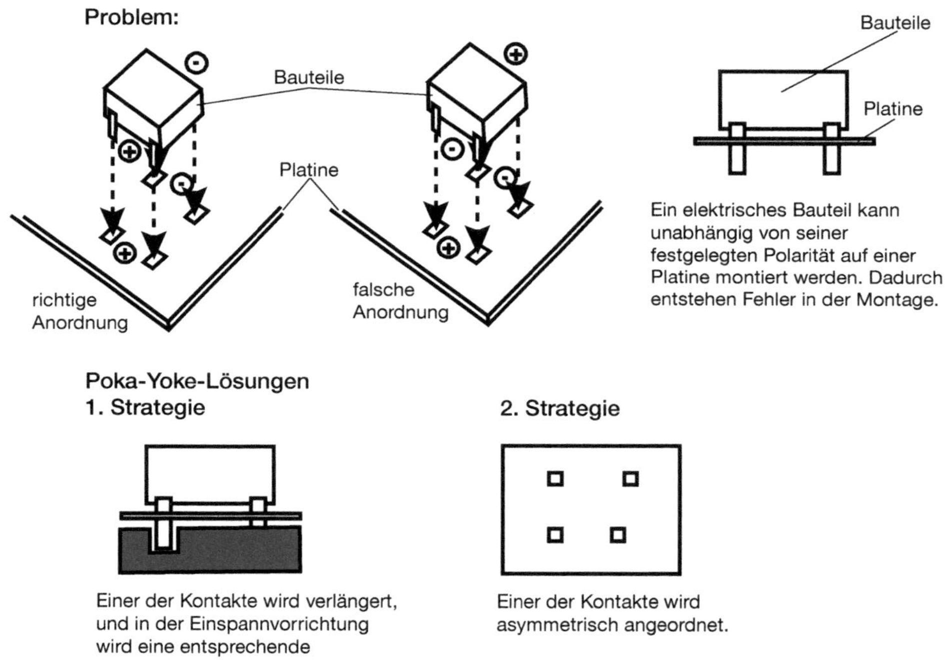

Bild 7.5 Produktdesign nach dem Poka-Yoke-Prinzip (in Anlehnung an: Brüggemann & Bremer, 2020a, S. 54)

Wenn eine Anforderung als nicht erfüllbar eingestuft wird, ist zu erörtern, ob deren Nichterfüllung die Produktanwendung beeinträchtigt. Sollte dies der Fall sein, ist von einer Produktentwicklung abzuraten.

Umsetzungshinweis

Entwickeln Sie im Team verschiedene Lösungsansätze zur Umsetzung der Anforderungen und bewerten Sie diese in Bezug auf die Realisierbarkeit. Berücksichtigen Sie bei Bedarf die Poka-Yoke-Technik. Tragen Sie die ausgewählten Lösungsansätze in Ihrem Pflichtenheft ein.

Schritt: 6.9

Umsetzen der Anforderungen

Mitwirkend: Entwicklung

Zeitpunkt: Vor Festlegung der Produktmerkmale

Vorlagen: 17_Pflichtenheft

7.4 Verifizieren und Validieren der Produktlösung

ISO 9001:2015: Abschnitt 8.3.5

Vor Start der Massenproduktion eines Produktes muss der Produktentwurf verifiziert und validiert werden. Im Rahmen der Verifizierung wird überprüft, ob die Entwicklungsergebnisse die spezifizierten Anforderungen, unabhängig von der Sinnhaftigkeit der Anforderungen, erfüllen (DIN, 2015a, S. 49–50). Mit der Validierung wird nachgewiesen, dass das entwickelte Produkt für den vorgesehenen Gebrauch geeignet ist.

7.4.1 Verifizieren der Produktlösung

Die Anforderungserfüllung wird durch konkrete objektive Messungen und Prüfungen ermittelt. Hierzu muss vorab überlegt werden, welche Anforderungen mit welchen Mitteln und Mess- bzw. Prüfverfahren überprüft werden können. Diese Informationen werden in einem Verifizierungsplan erfasst. Zudem werden Termine, Verantwortlichkeiten sowie die Prüfanweisung und -beschreibung integriert. Nach Durchführung der jeweiligen Prüfungen muss das Produkt offiziell durch eine Unterschrift der Projektleitung genehmigt werden.

Zudem muss das Unternehmen identifizieren, wie lange die Endprodukte nach Herstellung erhalten bleiben, bis sich Mängel daran ausbilden, z. B. Verderb bei Lebensmitteln. So soll sichergestellt werden, dass die Produkte über den gesamten Bearbeitungsprozess inklusive Lieferung zum Bestimmungsort die Anforderungen erfüllen.

Umsetzungshinweis

Überlegen Sie im Team sinnvolle Testverfahren zur Verifizierung Ihrer Entwicklungsergebnisse. Planen Sie die Durchführung der Verifizierung anhand Ihres Verifizierungsplanes. Dokumentieren Sie Ihre Ergebnisse in einem Prüfprotokoll.

Schritt:	6.10
Verifizieren der Produktlösung	
Mitwirkend:	Entwicklung
Zeitpunkt:	Nach Entwicklung der Produktlösung/en
Vorlagen:	18_Verifizierungs- und Validierungsplan

7.4.2 Validieren der Produktlösung

Die Validierung wird nach erfolgreicher Verifizierung eines Prototyps durchgeführt. Dabei wird untersucht, ob die Nutzungsziele erreicht werden können (DIN, 2015a, S. 41 – 50). Hier werden nicht die Anforderungen einzeln technisch überprüft, sondern die Anwendung des Gesamtproduktes.

Umgesetzt wird die Validierung in der Regel in Form von beschleunigten Tests (Lindemann, 2016, S. 547 – 548). Das bedeutet, die Anwendung des Prototyps erfolgt unter intensiverer Nutzung als unter Normalbedingungen oder auf Basis einer Simulation der Umgebungseinflüsse.

Umsetzungshinweis

Überlegen Sie im Team, welcher Testansatz sich zur Validierung Ihrer Entwicklungsergebnisse eignet. Planen Sie die Durchführung der Validierung anhand Ihres Validierungsplanes. Dokumentieren Sie Ihre Ergebnisse in einem Prüfprotokoll.

Schritt: 6.11

Validieren der Produktlösung

Mitwirkend: Entwicklung

Zeitpunkt: Nach Entwicklung der Produktlösung/en

Vorlagen: 18_Verifizierungs- und Validierungsplan

Dokumentierte Information/QMH: Themenbereich „Produktentwicklung“

Beschreiben Sie in Ihrem QMH, wie Sie den Entwicklungsprozess in Ihrem Unternehmen gestalten und welche Aspekte Sie berücksichtigen. Gehen Sie dabei auf die Ermittlung der Anforderungen interessierter Parteien, Entwicklungsplanung sowie die Verifizierung und Validierung der Entwicklungsergebnisse ein.

Verlinken Sie an dieser Stelle im QMH alle dazugehörigen Dokumente. In Bezug auf diesen Leitfaden sind das folgende:

- Prozessbeschreibung „Produkt entwickeln“
- Vorlage „Entwicklungsbericht“
- Vorlage „Lastenheft“
- Vorlage „Projektzeitplan für Produktentwicklungen“
- Vorlage „Verifizierungs- und Validierungsplan“

8 Qualitätsmanagement in der Produktion

Die Produktherstellungsphase ist das traditionelle Aufgabengebiet der operativen Qualitätssicherung (Linß, 2018, S. 93). Wesentlich im Produktrealisierungsprozess ist, dass dieser nach geplantem Vorgehen und unter Sicherstellung der Qualität abläuft. Das bedeutet unter kontrollierbaren Bedingungen. Zudem ist eine Überwachung des Prozesses durch Prüfungen notwendig.

In dieser Phase sind die exakte Erfassung und Auswertung wesentlicher Prüf- und Prozessdaten grundlegend (Brunner & Wagner, 2016, S. 191). Der Produktrealisierungsprozess und die Prüfprozesse sollen bereits in der Produktentwicklung berücksichtigt werden.

8.1 Planen der Produktion

ISO 9001:2015: Abschnitt 7.1.4, 8.1 und 8.5

In der Produktionsplanung werden die Voraussetzungen für die Produktion von konformen Produkten bestimmt. Diese müssen realisiert und in der täglichen Praxis sichergestellt werden. Das Ziel ist eine geplante Produktion, die wiederkehrend die gleichen gewollten Ergebnisse liefert.

8.1.1 Planen des Produktrealisierungsprozesses

Bereits während der Produktentwicklungsphase setzt sich das Entwicklungsteam mit produktionstechnischen Umsetzungsmöglichkeiten auseinander. Die konkreten Arbeitsschritte werden in eine sinnvolle Reihenfolge gebracht und so geplant, dass das gewünschte Ergebnis erzielt wird.

8.1.1.1 Dokumentieren des Produktrealisierungsprozesses

Alle Arbeitsschritte werden in Durchführungsreihenfolge für den gesamten Durchlauf vom Rohmaterial bis zum fertigen Produkt in einem Arbeitsplan dokumentiert. Der Arbeitsplan dient den Mitarbeitenden in der Produktion als Anleitung. In ihm werden zudem notwendige Arbeits- und Hilfsmittel, die benötigte Dauer für die einzelnen Arbeitsschritte, der Ort der Durchführung sowie notwendige Parameter für die Produktion angegeben.

Es empfiehlt sich, detaillierte Arbeitspläne mit expliziten Arbeitsanweisungen zu erstellen, um es als Einweisungsdokument für neue Mitarbeitende wirksam nutzen zu können. Dadurch verhindert man den Verlust an Wissen. Dem Arbeitsplan können Fotos hinzugefügt werden, die die jeweiligen Arbeitsschritte darstellen, sowie zu beachtende Sicherheitsanweisungen. Auch Tätigkeiten zur Kennzeichnung und zur Prüfung des Produktes können dem Arbeitsplan hinzugefügt werden. Darüber hinaus soll im Voraus geplant werden, wann wie viel unter Verwendung welcher Rohstoffe und Maschinen von wem produziert werden soll. Die Informationen sind in einem Produktionsplan zu verzeichnen.

8.1.1.2 Kennzeichnen und Rückverfolgen während der Produktion

Ein Arbeitsschritt nach Herstellung des Zwischenproduktes oder des Endproduktes ist die eindeutige Kennzeichnung des Prozessoutputs zum Zwecke der Rückverfolgbarkeit. Die Produktkennzeichnung ist ein Bestandteil in jedem Produktionsprozess. In der Regel wird über die Kennzeichnung zumindest die Chargennummer angegeben. Eine Charge, auch Los genannt, ist eine „Menge eines Produktes, die unter Bedingungen entstanden ist, die als einheitlich angesehen werden“ (DGQ, 2002). Die Rückverfolgung des Produktes und die Zuordnung zu einer Charge ist aus einer Vielzahl von Gründen (z. B. Rückrufaktionen, Sortierung, Fehlersuche) sinnvoll.

Die Art der Kennzeichnung ist abhängig vom Prozessoutput. Sie können entweder direkt auf dem Produkt durch Aufschriften, Stempel oder Gravierungen oder über Etiketten und Verpackungen angebracht werden. Typische Kennzeichnungen sind Chargennummern oder Bar- sowie QR-Codes. Sollte das Unternehmen mit Eigentum von Kunden hantieren, z. B. der Maler mit den Farben des Kunden, ist dies eindeutig zu kennzeichnen.

Um eine lückenlose Rückverfolgbarkeit zu gewährleisten, sollte eine Datenbank eingerichtet werden, in der Daten zur Produktionsdurchführung erfasst werden. Hierzu gehören die eingesetzten Rohstoffe, das produzierte Produkt, die Chargennummer, die Stückzahl, Datum und Uhrzeit, der durchführende Mitarbeitende sowie erwartete Haltbarkeitsdauer. Diese Informationen werden in einem Produktionsbericht dokumentiert.

8.1.1.3 Handhaben von Änderungen während der Produktion

Im Rahmen der Produktion können sich aus verschiedenen Gründen Situationen ergeben, in denen vom ursprünglichen Plan abgewichen werden muss. Hierzu zählt z. B. die ungeplante Neuanschaffung einer Maschine aufgrund eines Ausfalls oder Nichtverfügbarkeit des Rohmaterials. In solchen Fällen ist vor Umsetzung der Änderungen sicherzustellen, dass sich diese nicht nachteilig auf die Erfüllung der Anforderungen auswirken. Wenn dies gewährleistet werden kann, müssen Maßnahmen zur Umsetzung der Änderung geplant, durchgeführt und die Änderungen in den jeweiligen Dokumenten (z. B. Produktionsbericht) verzeichnet werden.

8.1.1.4 Festlegen der Tätigkeiten nach der Lieferung

In der Regel endet der Tätigkeitsbereich des Unternehmens nicht nach der Auslieferung des Produktes (Koubek, 2015, S. 249 – 250). Nach der Auslieferung des Produktes können weitere Tätigkeiten notwendig sein, um die Nutzung und Verwendung des Produktes über den gesamten Lebenszyklus zu gewährleisten. Hierzu zählen folgende Tätigkeiten:

- Installation
- Einweisung
- Technischer Support
- Wartung
- Fernwartung
- Logistische Unterstützung
- Auskunft
- Verwertung
- Recycling

Darüber hinaus werden die Handhabung von Garantiefällen und anderen Problemen in diese Kategorie eingeordnet.

Je nach Produkt werden unterschiedliche Tätigkeiten nach der Lieferung anfallen sowie andere gesetzliche Garantieregelungen gelten. Es bietet sich an, den Lebenszyklus des Produktes zu visualisieren, um die notwendigen Tätigkeiten ableiten zu können (Bild 8.1).

Die ermittelten Tätigkeiten, zu denen sich das Unternehmen dem Kunden gegenüber verpflichtet, müssen im Pflichtenheft dokumentiert werden.

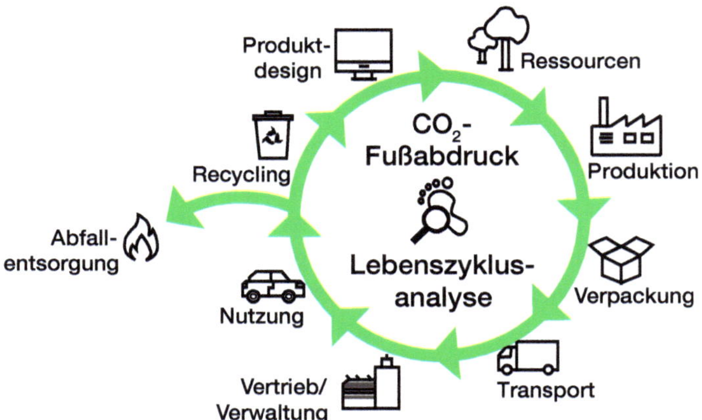

Bild 8.1 Allgemeiner Lebenszyklus eines Produktes

Umsetzungshinweis

Ermitteln Sie im Team auf Basis einer Lebenszyklusbetrachtung des Produktes die notwendigen Tätigkeiten nach der Auslieferung und dokumentieren Sie diese im Pflichtenheft. Bestimmen Sie, für welche (Zwischen-)Produkte eine Kennzeichnung notwendig ist und in welcher Form diese angebracht werden soll. Definieren Sie im Team die notwendigen Arbeitsschritte in sinnvoller Reihenfolge zur Herstellung des Produktes. Dokumentieren Sie diese in einem Arbeitsplan.

Schritt: 7.1

Planen des Produktrealisierungsprozesses

Mitwirkend: Entwicklung

Zeitpunkt: Nach der Produktentwicklung und vor Beginn der Produktion

Vorlagen: 17_Pflichtenheft
19_Arbeitsplan
20_Produktionsplan
21_Produktionsbericht

Legen Sie in einem Produktionsplan fest, wann was in welcher Menge unter welchen Bedingungen produziert werden soll. Erfassen Sie die hergestellten Produkte inklusive ihrer Kennzeichnung und relevanter Daten zur Rückverfolgung in einem Produktionsbericht.

Rufen Sie bei auftretenden ungeplanten Änderungen im Produktionsprozess Besprechungen der beteiligten Personen ein, um mögliche Lösungen auf ihre Auswirkungen zu bewerten. Veränderte Produktionsbedingungen werden im Produktionsbericht dokumentiert.

8.1.2 Ermitteln optimaler Produktionseinstellungen

Im Rahmen der Prozessplanung kann es für bestimmte Prozesse sinnvoll sein, die optimalen Produktionseinstellungen zu identifizieren (Linß, 2018, S. 306). Dies betrifft vor allem automatisierte Prozesse, auf die mehrere Einflussparameter wirken. Hierdurch können der Ausschuss reduziert, die Prozesse und Produkte sicherer gestaltet sowie die Kosten gesenkt werden. Ausschuss bezeichnet Produkte oder Produktteile, die nicht für ihren ursprünglich beabsichtigten Gebrauch eingesetzt werden können.

Um diese Einstellungen zu ermitteln, wird die statistische Versuchsplanung (SVP) angewendet (Brunner & Wagner, 2016, S. 165). Bei der SVP werden verschiedene Parameter im Herstellprozess untersucht, um für die geplanten Ergebnisse die beste Einstellung herauszufinden. Untersucht werden dabei die Merkmale, die Einfluss auf die bedeutenden Qualitätsmerkmale haben (Brüggemann & Bremer, 2020, S. 72 – 73). Allgemein werden verschiedene Einflussgrößen in Bezug auf den Herstellungsprozess unterschieden (Bild 8.2). Durch die SVP soll die optimale Einstellung der quantitativen Steuergrößen des Prozesses ermittelt werden.

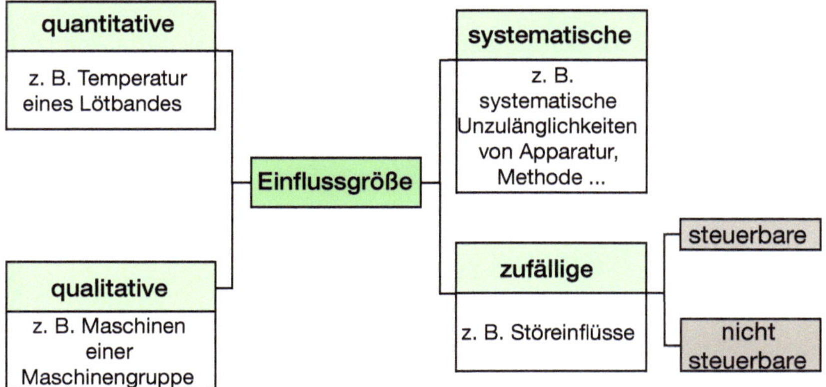

Bild 8.2 Charakterisierung von Einflussgrößen auf einen Prozess (in Anlehnung an: Brüggemann & Bremer, 2020a, S. 73)

Für die Versuchsdurchführung sind Prototypen notwendig (Kamiske, 2015, S. 819). Zudem sollen die qualitätsbestimmenden Merkmale und die kritischen Produkt- und Prozessparameter sowie die Zielgrößen für die Ausgangsgrößen der kritischen Parameter identifiziert und festgelegt werden.

Zu Beginn wird festgelegt, welche Kriterien optimiert werden sollen (Brunner & Wagner, 2016, S. 168). Soweit möglich, wird ein messbarer Zielwert festgelegt. Die Zielgröße kann sich z. B. auf die Ausbeute beziehen. Daraufhin werden die Einflussgrößen ermittelt und gewichtet, die die Zielgröße verändern können. Im nächsten Schritt werden die zu untersuchenden Einflussfaktoren auf die mit dem wesentlichen Einfluss auf die Zielgröße beschränkt. Weiterhin werden Wertestufen bestimmt. Das sind Abstufungen der zu untersuchenden Werte der Einflussgrößen. Zur einfachen Handhabbarkeit werden in der Regel zwei Wertestufen untersucht. Dies kann z. B. die aktuelle Einstellung sein sowie eine, die verbesserte Ergebnisse erwarten lässt. Die Wertestufen werden mit „+“ und „–“ oder mit „1“ und „2“ dargestellt.

Je nach Anzahl zu untersuchender Einflussgrößen und Wertestufen wird die Versuchsmethode gewählt (Brunner & Wagner, 2016, S. 168). Die Methoden des einfaktoriellen und des vollfaktoriellen Versuchs sind in Abschnitt 8.1.2.1 und Abschnitt 8.1.2.2 erläutert. Neben diesen Versuchsverfahren existiert das teil-faktorielle Versuchsverfahren sowie weitere Methoden wie z. B. die Versuchsmethodiken nach Taguchi oder Shainin.

Die Versuche werden nach aufgestellten Versuchsplänen ausgeführt und die Ergebnisse notiert (Brüggemann & Bremer, 2020, S. 74). Daraufhin werden diese rechnerisch und grafisch ausgewertet. Aus den Ergebnissen wird die optimale Parameterkombination ausgewählt und ein Bestätigungsversuch durchgeführt. Zudem können weitere SVPs zur Erzielung optimaler Einstellungswerte durchgeführt werden.

8.1.2.1 Einfaktorieller Versuch

Beim einfaktoriellen Versuch wird die Wirkung jeder Einflussgröße getrennt betrachtet (Brunner & Wagner, 2016, S. 169). Dabei wird immer nur eine Einflussgröße auf eine andere Wertestufe gesetzt. Der einfaktorielle Versuch eignet sich für Versuchsreihen, bei denen keine Wechselwirkungen zwischen den einzelnen Einflussgrößen erwartet werden. Die Anzahl der Versuche ergibt sich über Formel 8.1.

$$n_V = n_E + 1 \quad (8.1)$$

Mit

n_E: Anzahl der Einflussgrößen

n_V: Anzahl der Versuche

Die Versuchsreihe wird mehrmals wiederholt (Brunner & Wagner, 2016, S. 169). Um ein statistisch aussagekräftiges Ergebnis zu erhalten, müssen mindestens drei Wiederholungen durchgeführt werden. Zuerst wird eine Faktorenmatrix angelegt, in der die Werte für die jeweiligen Faktoren und Wertestufen festgehalten werden (Tabelle 8.1). Die Wertestufen werden mit „–“ und „+“ dargestellt. Dabei ist „–“ die aktuelle und „+“ die veränderte Einstellung.

Tabelle 8.1 Beispiel für eine Faktorenmatrix mit fünf Faktoren und zwei Wertestufen

Faktor	Bezeichnung	Einheit	–	+
x_1	Temperatur	[°C]	30	70
x_2	Herstellungsverfahren	–	A	B
x_3	Konzentration des Stoffes X	[g/l]	5	10
x_4	Länge	[mm]	10	15
x_5	Gewicht	[kg]	2	5

Im nächsten Schritt wird ein Versuchsplan aufgestellt (Tabelle 8.2) (Brunner & Wagner, 2016, S. 168). Hierbei wird immer nur ein Faktor auf eine andere Wertestufe gesetzt. Die Versuche werden nach dem Versuchsplan durchgeführt und die Messergebnisse direkt in die Antwortmatrix des Versuchsplanes eingefügt. Da jeder Versuch mehrmals durchgeführt wird, wird aus den Ergebnissen je Versuchsnummer der Mittelwert gebildet.

Tabelle 8.2 Beispiel für einen einfaktoriellen Versuchsplan mit fünf Faktoren und je drei Versuchsreihen pro Versuch

Planmatrix						Antwortmatrix			
Versuchsnr.	Faktoren					Messergebnisse je Versuchsreihe			Mittelwert
	x_1	x_2	x_3	x_4	x_5	y_1	y_2	y_3	$\bar{y}$
1	–	–	–	–	–	20	22	20	20,7
2	+	–	–	–	–	17	16	18	17
3	–	+	–	–	–	19	20	22	20,3
4	–	–	+	–	–	25	25	24	24,7
5	–	–	–	+	–	15	12	14	13,7
6	–	–	–	–	+	23	22	22	22,3
Effekte	−3,6	0,7	5,7	−6,8	3				

Im letzten Schritt werden die Effekte E der Faktoren berechnet (El Ghazi, 2019, S. 12). Diese geben an, wie stark die Einflussgröße die Zielgröße beeinflusst. Hierzu wird die Differenz aus dem Mittelwert der Ergebnisse bei der maximalen Einstellung „+“ und dem Mittelwert der Ergebnisse bei der minimalen Einstellung „–“ berechnet (s. Formel 8.2).

$$E_{x_i} = \overline{y}_{x_i(+)} - \overline{y}_{x_i(-)} \tag{8.2}$$

Mit

E_{x_i}: Effekt des Faktors x_i

$\overline{y}_{x_i(+)}$: Mittelwert der Messergebnisse, bei denen Faktor x_i die Wertestufe „+“ besitzt

$\overline{y}_{x_i(-)}$: Mittelwert der Messergebnisse, bei denen Faktor x_i die Wertestufe „–“ besitzt

Die Ergebnisse dienen dem Vergleich der Effekte untereinander bezüglich der Stärke und der Richtung, in welcher der Effekt die Zielgröße beeinflusst (Siebertz et al., 2017, S. 12). Die Ergebnisse können grafisch in einem Säulendiagramm dargestellt werden (Bild 8.3).

Bild 8.3
Beispielhafte Darstellung des Effekts von Körpergröße und Gewicht auf die Sportnote als Säulendiagramm (in Anlehnung an: El Ghazi, 2019, S. 12)

Bild 8.3 zeigt in einem Säulendiagramm beispielhaft die Darstellung der Effekte der Körpergröße und des Gewichts auf die Sportnote. Aus dem Diagramm lässt sich schließen, dass die Körpergröße einen starken positiven Einfluss und das Gewicht einen halb so starken negativen Einfluss auf die Sportnote hat.

8.1.2.2 Vollfaktorieller Versuch

Im Rahmen des klassischen vollfaktoriellen Versuches werden alle Einflussgrößen auf allen Wertstufen untersucht (Brunner & Wagner, 2016, S. 169). Somit werden die Wechselwirkungen zwischen den einzelnen Parametern berücksichtigt. In der Industrie beschränkt sich der vollfaktorielle Versuch in der Regel auf bis zu fünf Einflussgrößen bei zwei Wertstufen. Die Versuchsanzahl ergibt sich über Formel 8.3.

$$n_V = {n_W}^{n_E} \quad (8.3)$$

Mit
n_W: Anzahl der Wertestufen

Bei dem vollfaktoriellen Versuch wird ebenso wie beim einfaktoriellen Versuch ein Faktorenplan und eine Planmatrix erstellt (Brüggemann & Bremer, 2020, 76 – 78). Der Versuchsplan enthält zusätzlich eine Matrix der unabhängigen Variablen (Tabelle 8.3). Denn beim vollfaktoriellen Versuch werden nicht nur die Effekte der jeweiligen Faktoren berechnet, sondern auch die Wechselwirkungen zwischen den Faktoren. In den Spalten der Matrix der unabhängigen Variablen werden die Wertestufen „–" und „+" für die Faktoren übernommen und in weiteren Spalten die Wechselwirkungen zwischen den einzelnen Faktoren dargestellt. Hierzu werden die Faktoren jeweils miteinander multipliziert. Die Messergebnisse werden in die Antwortmatrix eingetragen und die Effekte nach demselben Prinzip wie beim einfaktoriellen Versuch berechnet.

Tabelle 8.3 Beispiel für einen vollfaktoriellen Versuchsplan mit zwei Faktoren

Planmatrix			Matrix der unabhängigen Variablen			Antwortmatrix
Versuchsnr.	**Faktoren**					**Messergebnis**
	x_1	x_2	x_1	x_2	$x_1 \times x_2$	y_1
1	–	–	–	–	+	14
2	+	–	+	–	–	18
3	–	+	–	+	–	12
4	+	+	+	+	+	16
Effekte			4	–2	0	

Die Methoden der SVP werden zudem in laufenden Produktionsprozessen eingesetzt, um die Produktionseinstellungen zu optimieren.

Umsetzungshinweis

Entscheiden Sie, ob eine SVP in Bezug auf Ihren Produktionsprozess Sinn ergibt. Wenn Sie einen automatisierten Herstellungsprozess durchführen und verschiedene Parameter sich auf Ihre Zielgröße auswirken, ist eine SVP sinnvoll. Ermitteln Sie die Einflussgrößen auf Ihre Zielgröße und führen Sie eine SVP durch, um die optimalen Einstellgrößen der Parameter zu ermitteln.

Schritt: 7.2

Ermitteln optimaler Produktionseinstellungen

Mitwirkend: Operative Qualitätssicherung

Zeitpunkt: Nach der Produktentwicklung, vor Beginn der Produktion und während der Produktion laufend

8.1.3 Untersuchen der Prozessfähigkeit

Der Herstellungsprozess muss den geforderten Qualitätsanforderungen an das produzierte Produkt gerecht werden (Linß, 2018, S. 447). Die Voraussetzung hierfür ist ein beherrschter und fähiger Prozess. Verhält sich ein Prozess wie erwartet und sind keine systematischen Einflüsse erkennbar, wird dieser als beherrscht bezeichnet. Das bedeutet, dass der Prozess einen gleichmäßigen Prozessverlauf besitzt, in dem Abweichungen des gemessenen Werts vom Sollwert in bestimmten vorhersehbaren Grenzen liegen. Dieses Abweichungsverhalten wird als Streuung beschrieben. Jeder Prozess ist von einer natürlichen Streuung aufgrund zufälliger Einflüsse betroffen.

Aus diesem Grund werden bei jeder Messung einer Größe unterschiedliche Messwerte unterschiedlich häufig auftreten (Herrmann & Fritz, 2021, S. 130). Weisen die Werte in der Nähe der Mittellinie $\bar{\bar{x}}$ die größte Häufigkeit auf, fällt die Häufigkeit zu den Rändern hin stark ab und liegen innerhalb des Bereiches von ± 3 σ 99,7 % aller Werte, liegt die Normalverteilung vor, auch Gaußverteilung genannt (Bild 8.4). Die Standardabweichung σ gibt die Prozessstreuung an.

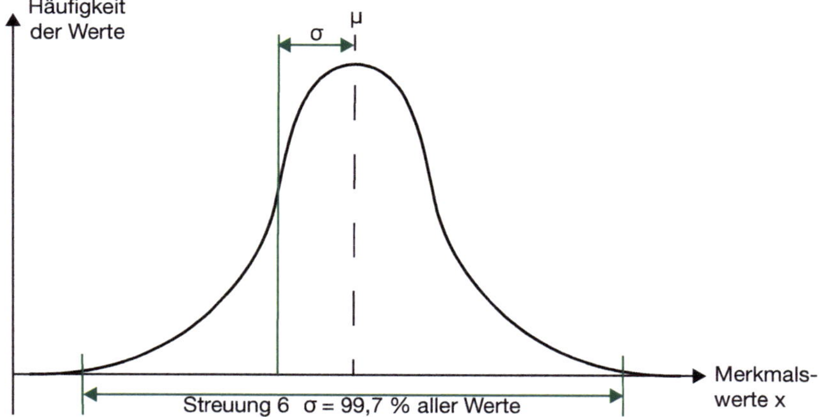

Bild 8.4 Normalverteilung von Messwerten (in Anlehnung an: Herrmann & Fritz, 2021, S. 130)

In der Praxis kann man bei zufällig verteilten Prozessen in der Regel näherungsweise von einer Normalverteilung ausgehen (Brüggemann & Bremer, 2020, S. 131). Durch systematische Einflüsse, wie z. B. den Verschleiß eines Werkzeuges, kann es passieren, dass Prozessergebnisse nicht mehr normalverteilt sind.

Liegt der Großteil der Verteilung des Prozesses zudem innerhalb der Toleranz, wird er als qualitätsfähiger Prozess definiert (Brüggemann & Bremer, 2020, S. 107). Die Toleranz gibt die messbare Differenz zwischen dem für einen Prozess zugelassenen Höchst- und Kleinstwert an.

Durch die Prozessfähigkeitsuntersuchung (PFU) wird bestimmt, ob ein beherrschter und fähiger Prozess vorliegt (Kamiske, 2015, S. 825). Für die Prozessfähigkeit gibt es zwei Maße: den Streuungsindex und den Niveauindex. Der Streuungsindex ist ein Maß für die Fähigkeit eines Prozesses. Er gibt das Verhältnis der vorgegebenen Toleranzbreite zur Prozessstreuung wieder. Je größer der Streuungsindex ist, desto größer ist der Abstand der Prozessstreuung zu den Toleranzgrenzen. Der Niveauindex gilt als Maß der Beherrschtheit eines Prozesses. Dieser beschreibt die Lage der Prozessergebnisse, das heißt den kleinsten Abstand zwischen dem Mittelwert der Verteilung und einer festgelegten Toleranzgrenze. Bild 8.5 zeigt die Bedeutung der Prozessfähigkeitsindizes.

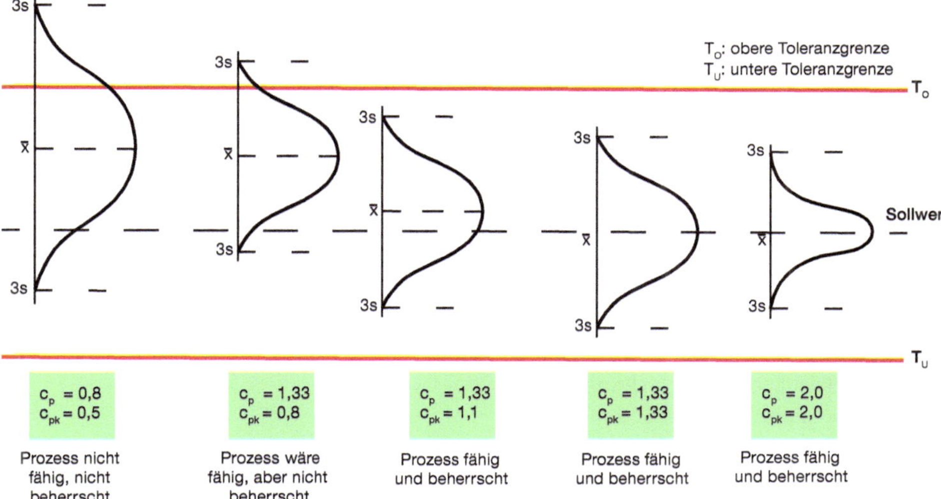

Bild 8.5 Bedeutung der Prozessfähigkeitsindizes (in Anlehnung an: Brüggemann & Bremer, 2020a, S. 109)

Bei der PFU werden drei verschiedene Verfahren unterschieden (Brunner & Wagner, 2016, S. 222):

- Kurzzeitfähigkeits- oder Maschinenfähigkeitsuntersuchung
- Vorläufige Prozessfähigkeitsuntersuchung
- Langzeitprozessfähigkeitsuntersuchung

Die Kurzzeitfähigkeitsuntersuchung liefert eine Aussage über die Fähigkeit einer Maschine oder Anlage und wird direkt beim Hersteller der Produktionseinrichtung durchgeführt. Die vorläufige Prozessfähigkeitsuntersuchung wird vor Produktionsstart durchgeführt, um die erwartete Langzeitprozessfähigkeit abzuschätzen. Eine Langzeitprozessfähigkeitsuntersuchung wird unter normalen Produktionsbedingungen umgesetzt.

Laut Brunner und Wagner sind für die vorläufige Prozessfähigkeitsuntersuchung mindestens acht Stichproben zu mindestens fünf Teilen, die in gleichmäßigen Abständen aus dem Prozess gezogen werden, notwendig (Brunner & Wagner, 2016, S. 225). Zur Ermittlung der Prozessfähigkeitsindizes muss die Standardabweichung des Prozesses σ bestimmt werden. Diese wird aus der Standardabweichung der Stichprobe s geschätzt (Linß, 2018). Hierzu ist der arithmetische Mittelwert $\overline{x}$ und die Standardabweichung der Stichprobe über folgende Formeln zu berechnen:

$$\overline{x} = \frac{1}{n} \cdot \sum_{i=1}^{n} x_i \tag{8.4}$$

$$s_i = \sqrt{\frac{1}{n-1} \cdot \sum_{i=1}^{n} (x_i - \overline{x})^2} \tag{8.5}$$

$$\hat{\sigma} = \sqrt{\frac{1}{n_k} \cdot \sum_{i=1}^{k} {s_i}^2} \tag{8.6}$$

Mit

n: Anzahl der Messwerte

n_k: Anzahl der Stichproben im Prozessverlauf

s_i: Standardabweichung der Stichprobe i

$\overline{x}$: Arithmetischer Mittelwert der Messwerte

x_i: i-ter Messwert

$\hat{\sigma}$: Schätzwert für die Standardabweichung des Prozesses

Aus der somit berechneten Standardabweichung des Prozesses lassen sich der Streuungsindex p_p und der Niveauindex p_{pk} für die vorläufige Prozessfähigkeit über folgende Formeln berechnen (Herrmann & Fritz, 2021):

$$p_p = \frac{OTG - UTG}{6 \cdot \sigma} \tag{8.7}$$

$$p_{pk} = \frac{\text{Min}(OTG - \overline{\overline{x}}; \overline{\overline{x}} - UTG)}{3 \cdot \sigma} \quad (8.8)$$

$$\overline{\overline{x}} = \frac{\overline{x}_1 + \overline{x}_2 + \ldots + \overline{x}_k}{k} \quad (8.9)$$

Mit

OTG: Obere Toleranzgrenze

p_p: Prozessfähigkeitsstreuungsindex

p_{pk}: Prozessfähigkeitsniveauindex

UTG: Untere Toleranzgrenze

$\overline{\overline{x}}$: Mittellinie des arithmetischen Mittelwertes

σ: Standardabweichung des Prozesses

Ein Prozess gilt als fähig und beherrscht, wenn der Streuungsindex p_p und der Niveauindex $p_{pk} > 1{,}67$ sind (Brüggemann & Bremer, 2020, S. 112).

Umsetzungshinweis

Bestimmen Sie, wenn Sie einen automatisierten Produktionsprozess besitzen, die vorläufige Prozessfähigkeit Ihres Prozesses. Fahren Sie hierzu probeweise Ihren Produktionsprozess nach Produktionsbedingungen und ziehen Sie Stichproben. Berechnen Sie die Prozessfähigkeitsindizes. Passen Sie Ihren Prozess an, wenn dieser nicht die gewünschten Prozessfähigkeitsindizes erreicht.

Schritt: 7.3

Untersuchen der Prozessfähigkeit

Mitwirkend: Operative Qualitätssicherung

Zeitpunkt: Nach der Produktentwicklung und vor Beginn der Produktion

8.2 Planen der Prüfungen

ISO 9001:2015: Abschnitt 8.6 und 8.7

Prüfen ist laut der Messtechniknorm DIN 1319 (1995) das Feststellen, inwieweit ein Prüfobjekt eine bestimmte Eigenschaft bzw. welche Größe eine vorhandene Eigen-

kritische Merkmale des Produktes zu erkennen (Brunner & Wagner, 2016, S. 152). Ziel ist es, auf Grundlage der Ergebnisse der FMEA die Konstruktion präventiv so abzuändern, dass die möglichen Fehler nicht auftreten. Ist dies wirtschaftlich nicht lohnend oder konstruktiv nicht möglich, werden die kritischen Merkmale als Prüfmerkmale festgelegt (Brüggemann & Bremer, 2020, S. 51).

Eine Design-FMEA kann auf unterschiedliche Art und Weise durchgeführt werden. Der folgende Methodenvorschlag stellt eine Herangehensweise in fünf Schritten dar.

8.2.2 Schritte der Design-FMEA

8.2.2.1 Schritt 1: Strukturanalyse

Das zu untersuchende Produkt mit seinen Baugruppen und Komponenten kann als System betrachtet werden (Pfeufer, 2021, S. 21). Ein Fehler, der am Produkt entdeckt wird, ist auf eine Fehlfunktion einer Komponente einer Baugruppe zurückzuführen. Um die potenziellen Fehler zu ermitteln, muss demnach die Systemstruktur aufgestellt werden. Hierzu wird das Produkt in Baugruppen und dazugehörige Komponenten aufgeteilt und in einem Strukturbaum dargestellt (Bild 8.6).

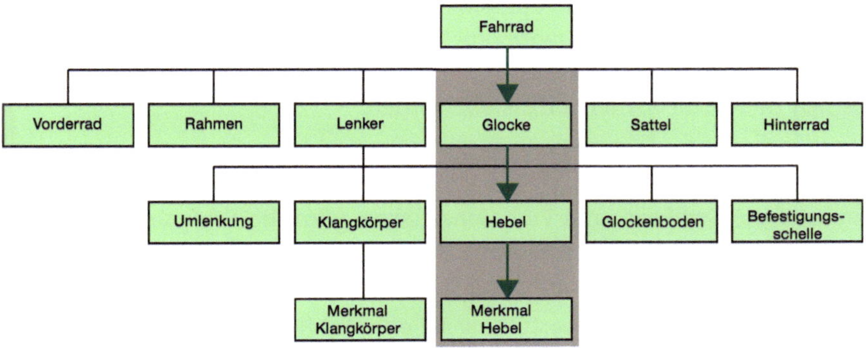

Bild 8.6 Beispiel für einen Strukturbaum für ein Fahrrad (in Anlehnung an: Pfeufer, 2021, S. 85)

8.2.2.2 Schritt 2: Funktionsanalyse

Um ermitteln zu können, auf welche Fehlfunktionen welcher Komponenten Produktfehler zurückzuführen sind, müssen vorab die Funktionen dieser bestimmt werden. Das heißt, dem Produkt, den Baugruppen und den jeweiligen Komponenten werden Funktionen zugeordnet und der Strukturbaum mit diesen Informationen ergänzt. Dieser wird somit zum Funktionsbaum (Bild 8.7).

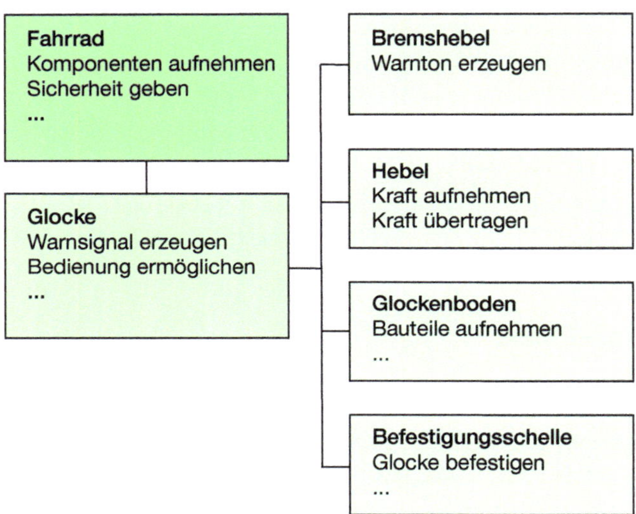

Bild 8.7 Ausschnitt aus einer Funktionsanalyse für ein Fahrrad (in Anlehnung an: Pfeufer, 2021, S. 87)

Die Beschreibung der Funktionen sollte technisch und in einer Substantiv-Verb-Kombination ausgedrückt werden. Die Funktionen mehrerer Komponenten und Bauteile wirken zusammen, um eine übergeordnete Produktfunktion zu erfüllen. Dieses Zusammenwirken mehrerer Komponenten kann durch eine farbliche Markierung auf den einzelnen Hierarchieebenen dargestellt werden.

8.2.2.3 Schritt 3: Fehleranalyse

Aufbauend auf der Struktur- und Funktionsanalyse wird die Fehleranalyse durchgeführt (Pfeufer, 2021, S. 33). Für jede ermittelte Funktion werden Risiken nicht vollständiger Funktionserfüllung identifiziert.

Eine nicht vollständige Funktionserfüllung ist eine Fehlfunktion. Somit erfolgt die Fehleranalyse auf drei Ebenen: dem Produkt, der Baugruppen und der Komponenten. Hierbei stellen die Fehlfunktionen auf Komponentenebene die Fehlerursache, auf Baugruppenebene die Fehlerart und auf Produktebene die Fehlerfolge dar. Denn die Fehlfunktion einer Komponente erzeugt einen Fehler (Fehlerart) in einem Bauteil und führt zu der Fehlerfolge im Gesamtprodukt.

Zum Beispiel besitzt eine Fahrradklingel die Funktion „Warnsignal erzeugen". Durch die Fehlerursache „gebrochener Hebel" in der Fahrradklingel entsteht der Fehler „Warnsignal nicht erzeugt", was zu der Fehlerfolge „Bauteil lose" führt.

Ein Fehler hat in der Regel mehrere Ursachen. Die Fehlfunktionen werden im Funktionenbaum den jeweiligen Funktionen zugeordnet. Die Funktionen, Fehlerfolgen, -arten und -ursachen werden in die FMEA-Tabelle eingetragen.

8.2.2.4 Schritt 4: Risikobewertung

Das Risiko eines Fehlers hängt von der Bedeutung der Fehlerfolge für das Gesamtprodukt (B), der Auftrittshäufigkeit der Fehlerursache (A) sowie der Entdeckungswahrscheinlichkeit der Fehlerursache vor Auslieferung (E) ab (DIN, 2006, S. 12). Diese stellen die Bewertungszahlen „B", „A" und „E" dar, die zur Risikobewertung verwendet werden. Standardmäßig findet diese Bewertung anhand der Werte 1 – 10 statt. Um die Entscheidungsfindung zu vereinfachen, wird hier eine Bewertung anhand der Werte „1", „3", „5", „7" und „10" vorgeschlagen. Bewertungstabellen beschreiben konkret, wann welche Werte vergeben werden sollen. Dies macht die Bewertung der Fehlerursachen vergleichbar. Tabelle 8.5 bildet eine mögliche Bewertungstabelle ab.

Die Auftrittshäufigkeit und die Entdeckungswahrscheinlichkeit werden auf Grundlage von bestehenden Vermeidungs- und Entdeckungsmaßnahmen bestimmt.

Tabelle 8.5 Mögliche Bewertungstabelle für eine Design-FMEA

Wert	Bedeutung (B)	Auftreten (A)	Entdeckung (E)
1	**Sehr niedrig**	**Sehr selten**	**Sehr hoch**
	Keine wahrnehmbare Auswirkung	Bewährte Komponenten mit Erfahrung unter vergleichbaren Bedingungen	Bewährtes Prüfverfahren, dessen Wirksamkeit an dem Produkt bereits nachgewiesen wurde
3	**Niedrig**	**Selten**	**Hoch**
	Geringfügige Störung durch z. B. beeinträchtigtes Erscheinungsbild	Bekannte Konstruktion und Einsatzerfahrung	Bewährtes Prüfverfahren, dessen Wirksamkeit unter ähnlichen Bedingungen nachgewiesen wurde
5	**Mittel**	**Gelegentlich**	**Mittel**
	Einschränkung einer Komfortfunktion oder Störungen im Prozess	Konstruktion ohne bemerkenswerte technische Neuerungen und bewährte Technologie und Materialien	Bewährtes Prüfverfahren, das bereits unter anderen Einsatzbedingungen verwendet wurde
7	**Hoch**	**Häufig**	**Niedrig**
	Einschränkung einer für die vorgesehene Lebensdauer notwendigen Hauptfunktion	Neuentwicklung von Komponenten unter Einsatz von neuen Technologien	Unsicheres Prüfverfahren oder keine Erfahrung mit festgelegtem Prüfverfahren

Tabelle 8.5 Mögliche Bewertungstabelle für eine Design-FMEA *(Fortsetzung)*

Wert	Bedeutung (B)	Auftreten (A)	Entdeckung (E)
10	**Sehr hoch**	**Sehr häufig**	**Sehr gering**
	Verletzung von Vorschriften oder Auswirkungen auf den sicheren Betrieb des Produktes	Neuentwicklung von Komponenten ohne Erfahrung oder unter ungeklärten Einsatzbedingungen	Kein Prüfverfahren für dieses Merkmal festgelegt

Daraufhin wird die Risikoprioritätszahl (RPZ) für jede Fehlerursache berechnet. Diese zeigt das Gesamtrisiko dafür, dass eine Fehlerursache zu einem Fehler führt. Die RPZ wird über Formel 8.10 berechnet (Brüggemann & Bremer, 2020, S. 50).

$$\mathrm{RPZ} = \mathrm{A} \cdot \mathrm{B} \cdot \mathrm{E} \tag{8.10}$$

Mit

A: Auftretenswahrscheinlichkeit

B: Bedeutung der Fehlerfolge für das Gesamtprodukt

E: Entdeckungswahrscheinlichkeit der Fehlerursache vor Auslieferung

RPZ: Risikoprioritätszahl

Die RPZ dient als Entscheidungskriterium für die Notwendigkeit von Optimierungen oder Abhilfemaßnahmen (Tabelle 8.6).

Tabelle 8.6 Handlungsbedarf in Bezug auf die RPZ-Werte

RPZ	Risiko	Erläuterung
1	Kein	Kein Handlungsbedarf
2 – 50	Akzeptabel	Kein zwingender Handlungsbedarf
51 – 100	Mittel	Handlungsbedarf
> 100	Hoch	Dringender Handlungsbedarf

8.2.2.5 Schritt 5: Optimierung

Die Komponenten mit einer RPZ von > 100 können als Prüfmerkmale festgelegt werden, wenn es keine geeigneten Abstellmaßnahmen gibt. Ansonsten sind Abstellmaßnahmen, z. B. durch Konstruktionsveränderungen, die das Auftreten der Fehlerursache minimieren, zu priorisieren.

Die Prüf- und Abstellmaßnahmen werden unter Angabe eines Verantwortlichen sowie eines Termins direkt in die FMEA-Tabelle eingetragen. Nach Umsetzung der Maßnahmen werden die Bewertungszahlen B, A und E für die jeweiligen Fehlerursachen erneut bestimmt und die RPZ berechnet. Sollte die RPZ nach Maßnahmenumsetzung immer noch zu hoch ausfallen, müssen weitere Maßnahmen geplant werden.

Umsetzungshinweis

Führen Sie in einem interdisziplinären Team eine Design-FMEA für das Produkt durch, für das Sie einen Prüfplan entwerfen wollen.

Schritt: 7.4

Festlegen der Prüfobjekte und -merkmale

Mitwirkend: Operative Qualitätssicherung und Entwicklung

Zeitpunkt: Nach der Produktentwicklung und vor Beginn der Produktion

Vorlagen: 22_FMEA
23_Prüfplan

Für die Moderation und Vorbereitung ist der QMB oder der Projektleiter zuständig. Planen Sie für die FMEA mehrere Termine ein sowie einen Termin zur Überprüfung der Wirksamkeit der umgesetzten Methoden. Halten Sie bei Bedarf und Wissenslücken bezüglich der zugekauften Komponenten Rücksprache mit Ihren Lieferanten. Notieren Sie im Prüfplan die Prüfmerkmale der jeweiligen Prüfobjekte, die Sie aus der FMEA ableiten. Aktualisieren Sie die FMEA, wenn während der Serienproduktion neue Fehler auftreten.

8.2.3 Festlegen der Prüfstrategie

Nach Festlegung der Prüfobjekte und -merkmale muss definiert werden, nach welchem Prozessschritt in der Herstellung die jeweiligen Merkmale geprüft werden (Brüggemann & Bremer, 2020, S. 161). Es ist zu überlegen, ob es wirtschaftlich sinnvoll ist, ein ungeprüftes, möglicherweise defektes Teil einem teuren Produktionsprozess zu unterziehen oder Prüfkosten aufzuwenden, um fehlerhafte Teile schon vorher zu erkennen und auszusortieren oder nachzuarbeiten (Marxer et al., 2021, S. 299).

Die Prüfhäufigkeit und -strategie haben Einfluss auf die Wirtschaftlichkeit und die Produktqualität. In Bezug auf die Prüfstrategie unterscheidet man folgende drei Varianten:

- 100-%-Prüfung
- Stichprobenprüfung
- Prüfverzicht

Als Datenbasis für die Prüfplanung dienen sämtliche Dokumente, die über die zu prüfende Einheit vorliegen, wie z. B. Zeichnungen, das Pflichtenheft, Kundenanforderungen und Arbeitspläne. Die Prüfstrategie ist abhängig von der Art und Schwere des zu erwartenden Fehlers. Hierbei sind die Daten aus der Design-FMEA (s. Abschnitt 8.2.1) als Grundlage der Entscheidung zu betrachten.

8.2.3.1 100-%-Prüfung

Bei einer 100-%-Prüfung wird in der Regel automatisiert jedes Teil geprüft (Brüggemann & Bremer, 2020, S. 88). Eine 100-%-Prüfung ist notwendig, wenn die Auslieferung eines fehlerhaften Produktes Leben und Gesundheit von Menschen gefährden oder unverhältnismäßig hohe Kosten verursachen könnte. In diesem Fall läge ein kritischer Fehler vor.

8.2.3.2 Annahmestichprobenprüfung

Bei einer Stichprobenprüfung wird eine repräsentative Teilmenge aus der Grundgesamtheit entnommen und diese geprüft (Linß, 2018, S. 233). In diesem Kontext ist die Grundgesamtheit die Produktionscharge, fortan Charge genannt, oder die Liefermenge. Eine Liefer- oder Produktionseinheit wird folgend als Los bezeichnet. Auf Grundlage der Ergebnisse wird das Los angenommen oder zurückgewiesen. Mit dem Ergebnis der Stichprobenprüfung kann mit einer bestimmten Wahrscheinlichkeit die Qualität des gesamten Loses beurteilt werden.

Grundsätzlich werden Attributprüfungen zur Prüfung qualitativer Merkmale und Variablenprüfungen zur Messung quantitativer Merkmale unterschiede (Bild 8.8) (Brüggemann & Bremer, 2020, S. 97). In Attributprüfungen werden qualitative Merkmale z. B. über Lehren oder Sichtprüfungen geprüft, die ausschließlich eine Gut-/Schlecht-Beurteilung zulassen. Bei Variablenprüfungen werden Messwerte ermittelt.

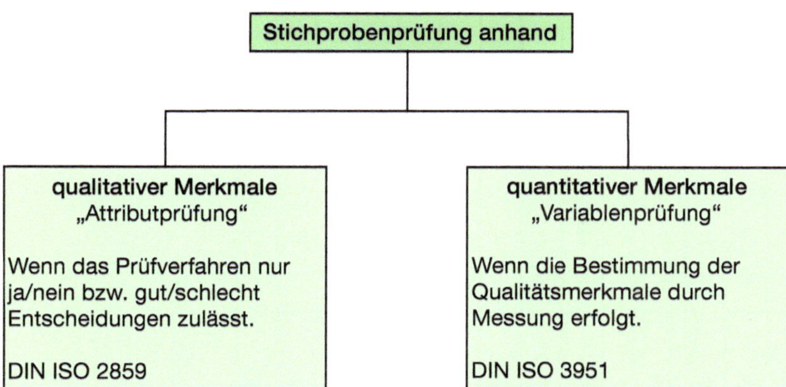

Bild 8.8 Unterscheidung der Stichprobenprüfung in Attribut- und Variablenprüfung (in Anlehnung an: Brüggemann & Bremer, 2020a, S. 96)

Sowohl für die Attributprüfung als auch für die Variablenprüfung wird zu Beginn in Abhängigkeit von der Losgröße und dem Prüfniveau ein Kennbuchstabe über die Tabelle in der ISO 2859 oder ISO 3951 bestimmt (Bild 8.9) (DIN, 2016, S. 5).

Das Prüfniveau kennzeichnet die Menge an entnommenen Objekten aus dem Los (DIN, 2014, S. 27). Sie wird in Abhängigkeit von dem Verhältnis zwischen entdeckten zu zulässigen Fehlern bestimmt. Standardmäßig wird das Prüfniveau II verwendet (DIN, 2016, S. 18).

Losumfang	Spezielle Prüfniveaus				Allgemeine Prüfniveaus		
	S-1	S-2	S-3	S-4	I	II	III
2 - 8	A	A	A	A	A	A	B
9 - 15	A	A	A	A	A	B	C
16 - 25	A	A	B	B	B	C	D
26 - 50	A	B	B	C	C	D	E
51 - 90	A	B	C	C	C	E	F
91 - 150	B	B	C	D	D	F	G
151 - 280	B	C	D	E	E	G	H
281 - 500	B	C	D	E	F	H	J
501 - 1 200	C	C	E	F	G	J	K
1 201 - 3 200	C	D	E	G	H	K	L
3 201 - 10 000	C	D	F	G	J	L	M
10 001 - 35 000	C	D	F	H	K	M	N
35 001 - 150 000	D	E	G	J	L	N	P
150 001 - 500 000	D	E	G	J	M	P	Q
> 500 000	D	E	H	K	N	Q	R

Bild 8.9 Kennbuchstabe für Stichprobenumfang und Prüfniveau nach ISO 2859 (DIN, 2014, S. 34)

Weiterhin wird für jedes qualitative und quantitative Merkmal eine akzeptable Qualitätsgrenzlage (AQL) bestimmt (DIN, 2016, S. 17). Der AQL-Wert gibt an, welche Menge an fehlerhaften Teilen einer Stichprobe für das jeweilige Merkmal zugelassen wird. Er wird je nach Kritikalität des zu prüfenden Merkmals gewählt (VDW, 2021, S. 1 – 2). Die Kritikalität des Merkmals wird anhand der Schwere des möglicherweise resultierenden Fehlers bewertet. Je nach Merkmal kann eine falsche Ausprägung zu unterschiedlich schweren Folgen führen. Der Verband der Wellpappen-Industrie e. V. schlägt AQL-Wertebereiche in Abhängigkeit von der Fehlerklasse für Wellpappverpackungen vor (Tabelle 8.7). Sie kann als Orientierung bei der Festlegung von AQL-Werten dienen.

Tabelle 8.7 Festlegung von AQL-Werten in Abhängigkeit der Fehlerklasse am Beispiel von Wellpappverpackungen (in Anlehnung an: VDW, 2021, S. 2)

Fehlerart	Fehlerklasse	Bedeutung	Fehleranteil (AQL)
Kritischer Fehler	1	Unbrauchbar	-
Hauptfehler	2 A	Brauchbarkeit stark beeinträchtigt	0,1 – 0,65
	2B	Brauchbarkeit bedingt beeinträchtigt	1,0 – 1,5
Nebenfehler	3	Brauchbarkeit wenig beeinträchtigt	2,5 – 6,5

Die ISO 2859 stellt ein statistisches Verfahren für Attributprüfungen zur Bestimmung der Annehmbarkeit eines Loses zur Verfügung (DIN, 2014, S. 21). Über den AQL-Stichprobenplan sind die Stichprobengröße n und die akzeptierten Annahmezahl Ac oder Rückweisezahl Re in Abhängigkeit der Losgröße abzulesen (Bild 8.10). Die Annahmezahl gibt die maximale Anzahl an Fehlern an, die in einer Stichprobe entdeckt werden dürfen, um als angenommen zu gelten. Über die Annehmbarkeit einer Probe entscheidet bei Überschreiten der Annahmezahl in Einzelfällen die Schwere der entdeckten Fehler.

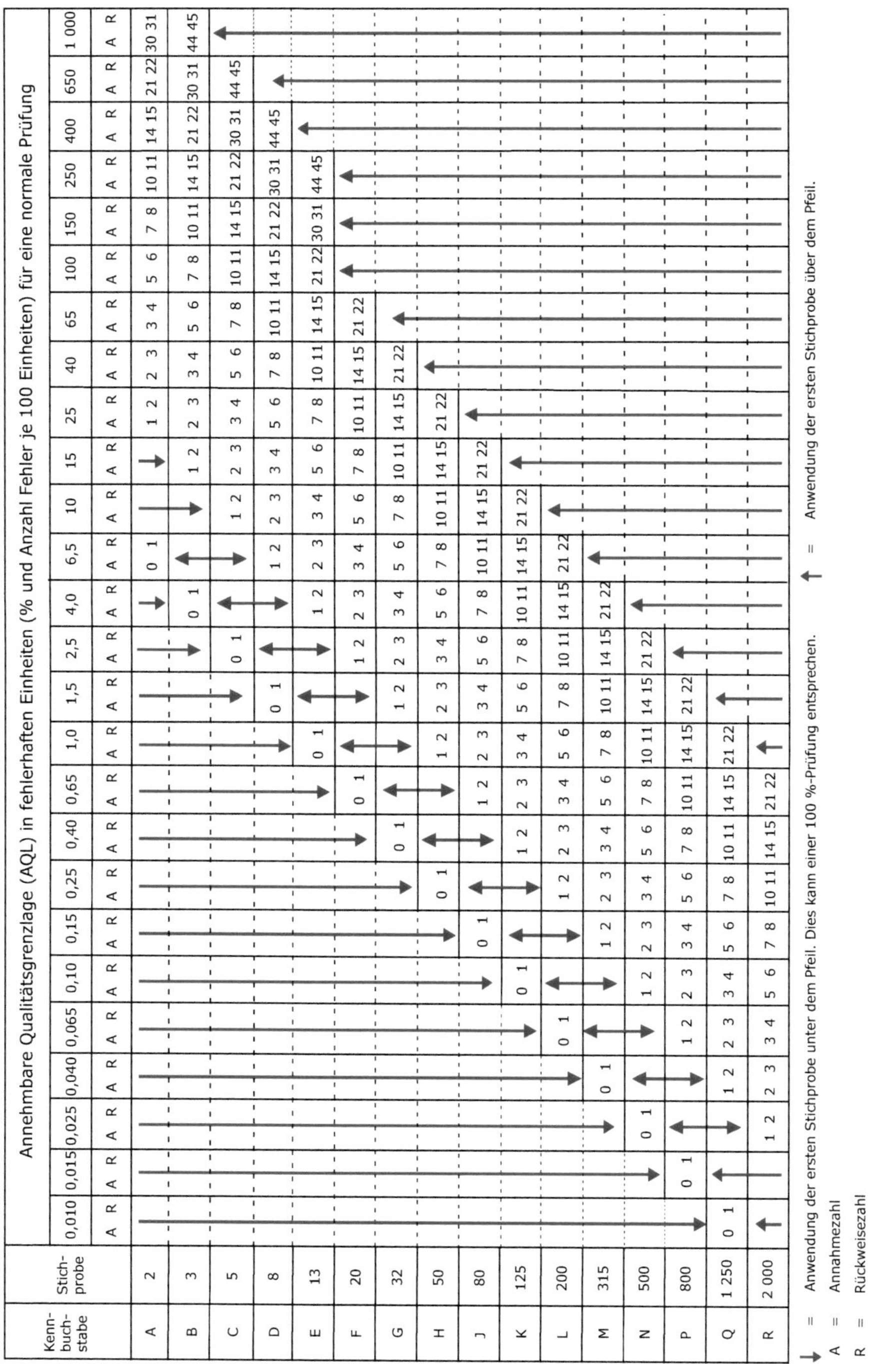

Kenn-buch-stabe	Stich-probe	0,010	0,015	0,025	0,040	0,065	0,10	0,15	0,25	0,40	0,65	1,0	1,5	2,5	4,0	6,5	10	15	25	40	65	100	150	250	400	650	1 000
		Annehmbare Qualitätsgrenzlage (AQL) in fehlerhaften Einheiten (% und Anzahl Fehler je 100 Einheiten) für eine normale Prüfung																									
		A R	A R	A R	A R	A R	A R	A R	A R	A R	A R	A R	A R	A R	A R	A R	A R	A R	A R	A R	A R	A R	A R	A R	A R	A R	A R
A	2	↓	↓	↓	↓	↓	↓	↓	↓	↓	↓	↓	↓	↓	↓	0 1	↓	↓	1 2	2 3	3 4	5 6	7 8	10 11	14 15	21 22	30 31
B	3	↓	↓	↓	↓	↓	↓	↓	↓	↓	↓	↓	↓	↓	0 1	↑	↓	1 2	2 3	3 4	5 6	7 8	10 11	14 15	21 22	30 31	44 45
C	5	↓	↓	↓	↓	↓	↓	↓	↓	↓	↓	↓	↓	0 1	↑	↓	1 2	2 3	3 4	5 6	7 8	10 11	14 15	21 22	30 31	44 45	↑
D	8	↓	↓	↓	↓	↓	↓	↓	↓	↓	↓	↓	0 1	↑	↓	1 2	2 3	3 4	5 6	7 8	10 11	14 15	21 22	30 31	44 45	↑	↑
E	13	↓	↓	↓	↓	↓	↓	↓	↓	↓	↓	0 1	↑	↓	1 2	2 3	3 4	5 6	7 8	10 11	14 15	21 22	30 31	44 45	↑	↑	↑
F	20	↓	↓	↓	↓	↓	↓	↓	↓	↓	0 1	↑	↓	1 2	2 3	3 4	5 6	7 8	10 11	14 15	21 22	↑	↑	↑	↑	↑	↑
G	32	↓	↓	↓	↓	↓	↓	↓	↓	0 1	↑	↓	1 2	2 3	3 4	5 6	7 8	10 11	14 15	21 22	↑	↑	↑	↑	↑	↑	↑
H	50	↓	↓	↓	↓	↓	↓	↓	0 1	↑	↓	1 2	2 3	3 4	5 6	7 8	10 11	14 15	21 22	↑	↑	↑	↑	↑	↑	↑	↑
J	80	↓	↓	↓	↓	↓	↓	0 1	↑	↓	1 2	2 3	3 4	5 6	7 8	10 11	14 15	21 22	↑	↑	↑	↑	↑	↑	↑	↑	↑
K	125	↓	↓	↓	↓	↓	0 1	↑	↓	1 2	2 3	3 4	5 6	7 8	10 11	14 15	21 22	↑	↑	↑	↑	↑	↑	↑	↑	↑	↑
L	200	↓	↓	↓	↓	0 1	↑	↓	1 2	2 3	3 4	5 6	7 8	10 11	14 15	21 22	↑	↑	↑	↑	↑	↑	↑	↑	↑	↑	↑
M	315	↓	↓	↓	0 1	↑	↓	1 2	2 3	3 4	5 6	7 8	10 11	14 15	21 22	↑	↑	↑	↑	↑	↑	↑	↑	↑	↑	↑	↑
N	500	↓	↓	0 1	↑	↓	1 2	2 3	3 4	5 6	7 8	10 11	14 15	21 22	↑	↑	↑	↑	↑	↑	↑	↑	↑	↑	↑	↑	↑
P	800	↓	0 1	↑	↓	1 2	2 3	3 4	5 6	7 8	10 11	14 15	21 22	↑	↑	↑	↑	↑	↑	↑	↑	↑	↑	↑	↑	↑	↑
Q	1 250	0 1	↑	↓	1 2	2 3	3 4	5 6	7 8	10 11	14 15	21 22	↑	↑	↑	↑	↑	↑	↑	↑	↑	↑	↑	↑	↑	↑	↑
R	2 000	↑	↑	1 2	2 3	3 4	5 6	7 8	10 11	14 15	21 22	↑	↑	↑	↑	↑	↑	↑	↑	↑	↑	↑	↑	↑	↑	↑	↑

↓ = Anwendung der ersten Stichprobe unter dem Pfeil. Dies kann einer 100 %-Prüfung entsprechen.

↑ = Anwendung der ersten Stichprobe über dem Pfeil.

A = Annahmezahl

R = Rückweisezahl

Bild 8.10 AQL-Stichprobenplan für normale Einfach-Stichprobenprüfungen anhand qualitativer Merkmale nach ISO 2859 (DIN, 2014, S. 35)

Man unterscheidet zwischen der Einfach-, Doppel-, Mehrfach- und Sequentialstichprobenprüfung (Brüggemann & Bremer, 2020, S. 97). Bei der Doppel- und Mehrfachstichprobenprüfung werden zwei oder mehrere Stichproben aus dem Los entnommen. Für diese Verfahren gibt es separate Tabellen in der ISO 2859 mit angepassten Werten. Bei der Sequentialstichprobenprüfung werden einzelne Einheiten aus dem Los entnommen, geprüft und auf Basis der fehlerhaften Einheiten über die Rückweisung oder Annahme des Loses entschieden.

Darüber hinaus enthält die ISO 2859 Anweisungen zur Prüfdynamisierung (DIN, 2014, S. 23). Das bedeutet, je nach vorangegangenen Prüfergebnissen wird das Prüfniveau dynamisch angepasst (Bild 8.11). Dieses Verfahren wird auch Skip-Lot-Verfahren genannt.

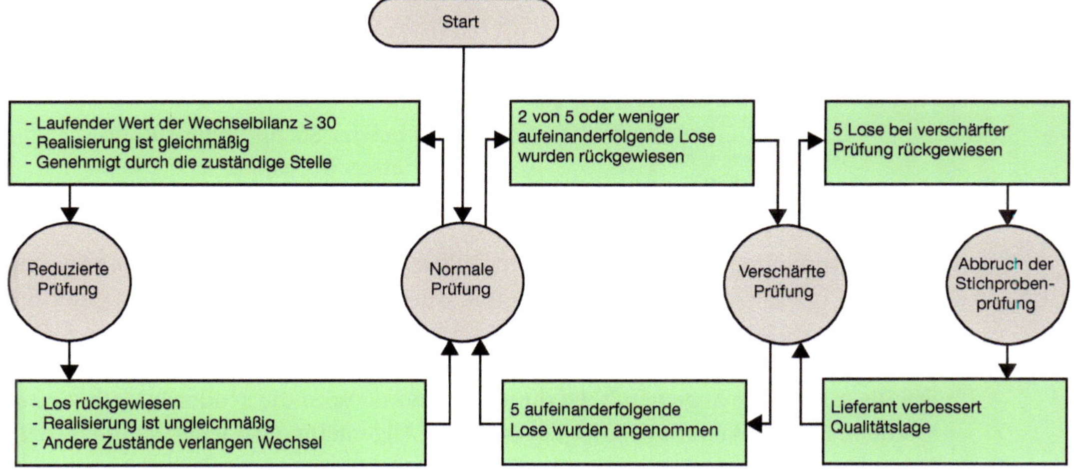

Bild 8.11 Ablauf bei der Prüfdynamisierung nach ISO 2859 (in Anlehnung an: DIN, 2014, S. 25)

Variablenprüfungen weisen einen höheren Informationsgehalt der Messwerte auf, wodurch der Stichprobenumfang geringer ist (Brüggemann & Bremer, 2020, S. 102). Die ISO 3951 enthält eine standardisierte Anweisung für Variablenprüfungen. Sie setzt die Normalverteilung des zu prüfenden Merkmals voraus.

Bei einer Stichprobenprüfung anhand quantitativer Merkmale wird die Annahme eines Loses nicht über die Annahme- und Rückweisezahl, sondern über den Annahmefaktor k bestimmt. Der Stichprobenumfang und der Faktor k kann den Stichprobenplänen der ISO 3951 entnommen werden. Die Vorgehensweise bei der Stichprobenprüfung anhand quantitativer Merkmale ist in Bild 8.12 dargestellt.

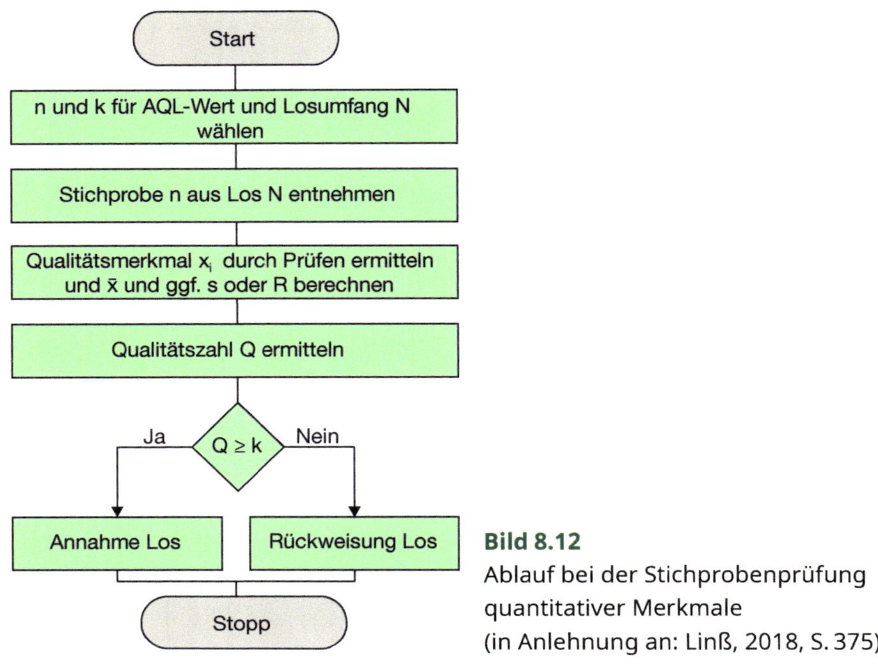

Bild 8.12
Ablauf bei der Stichprobenprüfung quantitativer Merkmale
(in Anlehnung an: Linß, 2018, S. 375)

Aus den ermittelten Messwerten wird jeweils die Qualitätszahl Q für die obere und die untere Toleranzgrenze ermittelt. Hierbei werden drei Methoden voneinander unterschieden: σ-Methode, s-Methode und R-Methode (Tabelle 8.8) (Brüggemann & Bremer, 2020, S. 104 – 105). Wenn die Standardabweichung des Prozesses bekannt ist, wird die σ-Methode angewandt. Ist diese unbekannt, wird die s- oder R-Methode angewendet. Für die Annahme eines Loses gilt im Allgemeinen bei jeder Methode, dass $Q \geq k$ sein muss. Wenn $Q < k$ ist, muss das Los zurückgewiesen werden.

Tabelle 8.8 Formeln zur Berechnung der Qualitätszahlen für die Variablenprüfung (in Anlehnung an: Linß, 2018, S. 374)

Methode	Untere Grenze	Obere Grenze
σ-Methode	$Q_{\sigma U} = \frac{\bar{x} - UTG}{\sigma}$ (8.11)	$Q_{\sigma O} = \frac{OTG - \bar{x}}{\sigma}$ (8.12)
s-Methode	$Q_{sU} = \frac{\bar{x} - UTG}{s}$ (8.13)	$Q_{sO} = \frac{OTG - \bar{x}}{s}$ (8.14)
R-Methode	$Q_{RU} = \frac{\bar{x} - UTG}{R}$ (8.15)	$Q_{RO} = \frac{OTG - \bar{x}}{R}$ (8.16)

Mit
R: Spannweite der Stichprobe

Für die R-Methode muss die Spannweite R der Stichprobe berechnet werden (Brüggemann & Bremer, 2020, S. 68). Sie ergibt sich aus der Differenz des höchsten und des niedrigsten Messwertes der Stichprobe (s. Formel 8.17).

$$R = x_{max} - x_{min} \tag{8.17}$$

Mit

x_{max}: Höchster Messwert der Stichprobe

x_{min}: Niedrigster Messwert der Stichprobe

Bild 8.13 zeigt den Stichprobenplan für normale Stichprobenprüfungen der s-Methode anhand quantitativer Merkmale.

Buchstabe	Annehmbare Qualitätsgrenze (Prozent nichtkonformer Einheiten)															
	0,01	0,015	0,025	0,04	0,065	0,10	0,15	0,25	0,40	0,65	1,0	1,5	2,5	4,0	6,5	10,0
	n *k*	*n* *k*	*n* *k*	*n* *k*	*n* *k*	*n* *k*	*n* *k*	*n* *k*	*n* *k*	*n* *k*	*n* *k*	*n* *k*	*n* *k*	*n* *k*	*n* *k*	*n* *k*
B													↓	3 0,950	4 0,735	4 0,586
C												↓	4 1,242	6 1,061	6 0,939	5 0,550
D											↓	6 1,476	9 1,323	9 1,218	6 0,887	7 0,507
E										↓	9 1,696	13 1,569	13 1,475	9 1,190	9 0,869	9 0,618
F									↓	11 1,889	17 1,769	18 1,682	13 1,426	14 1,147	14 0,935	14 0,601
G								↓	15 2,079	22 1,972	23 1,893	18 1,659	20 1,411	21 1,227	21 0,945	21 0,724
H							↓	18 2,254	28 2,153	30 2,079	24 1,862	27 1,636	30 1,471	32 1,225	33 1,036	33 0,806
J						↓	23 2,425	36 2,331	28 2,263	31 2,061	37 1,853	41 1,702	46 1,482	49 1,316	52 1,120	53 0,911
K					↓	28 2,580	44 2,493	47 2,428	40 2,237	48 2,043	54 1,904	63 1,702	69 1,552	75 1,377	79 1,195	82 0,946
L				↓	34 2,737	54 2,653	58 2,592	50 2,412	61 2,230	71 2,101	84 1,914	94 1,777	105 1,619	115 1,456	124 1,239	↑
M			↓	40 2,882	64 2,802	69 2,744	60 2,573	76 2,400	89 2,279	108 2,104	124 1,977	143 1,832	159 1,683	178 1,488	↑	
N		↓	47 3,023	75 2,948	82 2,892	73 2,728	93 2,564	110 2,449	137 2,285	159 2,166	186 2,031	213 1,894	247 1,716	↑		
P	↓	55 3,161	88 3,089	96 3,036	86 2,879	112 2,723	134 2,614	171 2,459	202 2,347	239 2,220	277 2,092	332 1,928	↑			
Q	63 3,288	101 3,219	110 3,167	102 3,016	132 2,867	159 2,762	207 2,615	244 2,508	293 2,388	348 2,268	424 2,114	↑				
R	116 3,351	127 3,301	120 3,156	155 3,012	189 2,912	247 2,771	298 2,670	362 2,556	438 2,443	541 2,298	↑					

↓ = Anwendung der ersten Stichprobe unter dem Pfeil. Dies kann einer 100 %-Prüfung entsprechen.

↑ = Anwendung der ersten Stichprobe über dem Pfeil.

Bild 8.13 Stichprobenplan für normale Einfach-Stichprobenprüfungen nach der s-Methode anhand quantitativer Merkmale nach ISO 3951 (DIN, 2016, S. 80)

8.2.3.3 Prüfverzicht

Ein Verzicht auf Prüfungen ist unter bestimmten Voraussetzungen möglich. Beispielsweise kann auf eine Wareneingangsprüfung verzichtet werden, wenn der Lieferant ein Qualitätsmanagementzertifikat nachweisen kann (Linß, 2018).

Darüber hinaus kann die Prüfung einzelner Lose ausgelassen werden, wenn die vorangegangenen Prüfergebnisse den gestellten Anforderungen in bestimmtem Maße entsprachen. Dieses Verfahren wird Prüfdynamisierung genannt und ist in Abschnitt 8.2.3.2 erläutert.

Umsetzungshinweis

Bestimmen Sie in Bezug auf die Bedeutung des Prüfmerkmals, welche Prüfstrategie und welche Prüfhäufigkeit notwendig sind. Definieren Sie, welche Prüfungen zu welchem Zeitpunkt in der Produktrealisierung stattfinden sollen, z. B. im Wareneingang, in der Produktion oder nach der Produktion.

Schritt: 7.5

Festlegen der Prüfstrategie

Mitwirkend: Operative Qualitätssicherung und Entwicklung

Zeitpunkt: Nach der Produktentwicklung, vor Beginn der Produktion und während der Produktion laufend

Vorlagen: 23_Prüfplan

8.2.4 Festlegen der Prüfmittel

Die Art des Prüfmittels ist in erster Linie durch das zu prüfende Merkmal und die anzuwendende Prüfmethode festgelegt. Zur Prüfung eines Merkmales steht eine Vielzahl unterschiedlicher Prüfmittel mit unterschiedlichen Messunsicherheiten, Kosten und Eigenschaften zur Verfügung (Brüggemann & Bremer, 2020, S. 164). Von dem ausgewählten Prüfmittel sind auch die Prüfmethode sowie der Prüfort abhängig.

Die Auswahl der Prüfmittel basiert auf technischen, organisatorischen und wirtschaftlichen Kriterien (Linß, 2018, S. 239). Zuerst müssen die technisch möglichen Prüfmittel ausgewählt werden. Hierzu müssen die technischen Anforderungen an das Prüfmittel definiert werden. Dies betrifft in allererster Linie den Prüfumfang und die Messunsicherheit.

schaft besitzt. Im Gegensatz zum Prüfen ist Messen die Ermittlung konkreter Werte und Prüfen der Vergleich einer Form mit einer Lehre, die eine vorgeschriebene Form verkörpert.

Prüfungen sind notwendig, um die Qualitätsanforderungen an das Produkt über den gesamten Produktentstehungsprozess vom Wareneingang bis zum Versand sicherzustellen (Linß, 2018, S. 226 – 237). Im Rahmen der Prüfplanung werden die in Tabelle 8.4 aufgezählten Charakteristika festgelegt und im Anschluss in einem Prüfplan dokumentiert.

Tabelle 8.4 Charakteristika der Prüfung im Prüfplan (in Anlehnung an: Linß, 2018, S. 229)

Fragewort	Erläuterung
Durch wen?	Prüfer
Wann?	Prüfzeitpunkt
Was?	Prüfobjekt, -merkmal, -parameter
Wie?	Prüfanweisung
Wie oft?	Prüfhäufigkeit
Wie viel?	Prüfumfang
Wo?	Prüfort
Womit?	Prüfmittel
Wo Ergebnisse dokumentieren?	Prüfdatenerfassung

8.2.1 Festlegen der Prüfobjekte und -merkmale

Jedes Produkt besitzt eine Vielzahl an Qualitätsmerkmalen (Brüggemann & Bremer, 2020, S. 162). Darüber hinaus bestehen Produkte in der Regel aus einer Vielzahl an Einzelteilen oder Baugruppen. Aus wirtschaftlichen und organisatorischen Gründen ist es jedoch nicht möglich, diese in allen Prozessschritten zu überprüfen. Aus diesem Grund müssen die zu überprüfenden Produkteinzelteile, -baugruppen sowie das fertige Produkt und die jeweiligen Merkmale (Prüfmerkmale) festgelegt werden. Prüfmerkmale können z. B das Material, die Maße oder Funktion des Produktes betreffen.

Ein Hilfsmittel zur Festlegung von Prüfmerkmalen stellt die Fehlermöglichkeits- und -einflussanalyse (FMEA) dar (Marxer et al., 2021, S. 299). Bei der Design-FMEA werden Konstruktionsentwürfe auf möglicherweise auftretende Fehler hin untersucht, um

Die Messunsicherheit beschreibt einen Wertebereich um den Messwert, in dem sich der wahre Messwert befindet (Helbig, 2021, S. 20). In der Regel wird von den Herstellern der Prüfmittel keine Messunsicherheit angegeben, sondern die Fehlergrenzen (Hernla, 1996, S. 1156 – 1157). Diese geben die maximale systematische Messabweichung an. Aus diesem Grund werden die Fehlergrenzen als Bewertungskriterium festgelegt. Eine Grundregel in der Messtechnik besagt, dass die Messsicherheit eines Messgerätes ein Zehntel der Toleranz nicht überschreiten sollte (Marxer et al., 2021, S. 32). Im Sinne einer Abschätzung „nach oben“ wird diese Regel in Bezug auf die Fehlergrenzen angewandt.

Häufig wird für Messmittel nicht die Messunsicherheit, sondern die Fehlergrenze von Herstellern angegeben. „Diese gibt den Grenzwert der Messabweichungen an und ist deshalb im Allgemeinen größer als die durch Wiederholmessungen ermittelte Vertrauensgrenze. Deshalb kann die Fehlergrenze im Sinne einer Abschätzung der Messunsicherheit nach oben“ gelten (Hernla, 1996, S. 1156 – 1157).

Sind nach technischen Kriterien verschiedene Prüfmittel einsetzbar, müssen weitere organisatorische und wirtschaftliche Bewertungskriterien hinzugezogen werden. Verschiedene Auswahlkriterien bzw. -motive sind in Bild 8.14 dargestellt.

Eine strukturierte Vorgehensweise bei der Auswahl des Prüfmittels bietet eine Bewertungsmatrix. In dieser werden die Anforderungen an das Prüfmittel gelistet und gewichtet. Hinsichtlich dieser Kriterien werden die technisch möglichen Prüfmittel recherchiert und in die Bewertungsmatrix eingetragen. Weiterhin werden unter Berücksichtigung der recherchierten Daten Bewertungstabellen für jedes Kriterium erstellt, über die jedes Prüfmittel in Bezug auf jedes Kriterium nach dem Schulnotenprinzip bewertet wird. Für jedes Prüfmittel wird der Wert der Schulnote jedes Kriteriums mit der jeweiligen Gewichtung multipliziert und aufaddiert. Das Prüfmittel mit dem geringsten Wert ist auszuwählen.

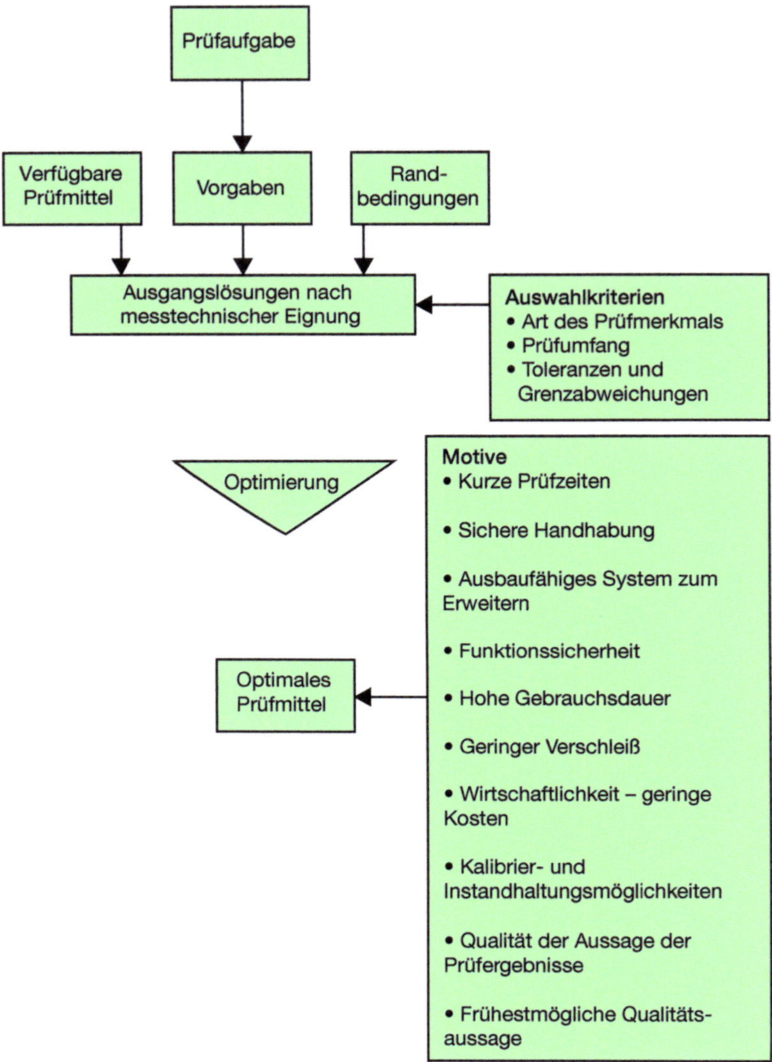

Bild 8.14 Kriterien und Motive bei der Prüfmittelauswahl (Helbig, 2021, S. 58)

Darüber hinaus soll festgelegt werden, an welchem Ort die Prüfung stattfinden soll (Linß, 2018, S. 232). Sie kann am jeweiligen Ort oder an einem separaten Ort, z. B. Prüfplatz, Messraum oder Labor durchgeführt werden. Ebenso muss definiert werden, wer die Prüfung durchführt. Hier wird zwischen Selbstprüfung direkt durch den Ausführenden selbst oder der Fremdprüfung durch eine weitere Instanz unterschieden. Weiterhin muss die notwendige Qualifikation des Prüfenden definiert werden.

Umsetzungshinweis

Definieren Sie die erforderlichen technischen Kriterien des Prüfmittels. Recherchieren Sie Prüfmittel, die diesen Kriterien entsprechen. Bestimmen Sie weitere Auswahlkriterien und bewerten Sie die recherchierten Prüfmittel über eine Bewertungsmatrix.

Schritt: 7.6

Festlegen der Prüfmittel

Mitwirkend: Operative Qualitätssicherung und Entwicklung

Zeitpunkt: Nach der Produktentwicklung und vor Beginn der Produktion

Vorlagen: 23_Prüfplan
24_Prüfmittelliste

Definieren Sie, wo und durch wen die Prüfung durchgeführt werden soll, sowie welche Qualifikation dazu erforderlich ist.

8.2.5 Erfassen der Prüfdaten

Während der Durchführung der Prüfung, werden die Prüfdaten erfasst und anschließend ausgewertet. Die Erfassung der Prüfdaten kann manuell durch Eingabe der Prüfergebnisse durch den Prüfenden oder automatisch über vernetzte Prüfmittel erfolgen. Die Prüfdaten werden in eine Prüfdatenliste eingetragen.

Wenn ein Messergebnis außerhalb der Toleranzen liegt, ist dies ein Fehler. Bei Aufdecken eines Fehlers muss die Fehlerschwere beurteilt werden. Hierzu werden Fehler in kritische, Haupt- und Nebenfehler eingeordnet (s. Tabelle 1.3). Es muss definiert werden, unter welchen Bedingungen ein Los zurückgewiesen wird, wann Teile als Ausschuss deklariert und wann diese nachgearbeitet werden (Linß, 2018, S. 239). Entdeckte fehlerhafte (Zwischen-)Produkte sind entsprechend zu kennzeichnen, um eine Weiterverarbeitung oder Auslieferung dieser Teile zu vermeiden.

Die Prüfdatenliste ist spezifisch auf das eingesetzte Prüfverfahren anzupassen, und eine automatische Auswertung ist zu ermöglichen. Aus dem Eintragen der Prüfdaten in die Prüfdatenliste soll hervorgehen, ob das geprüfte Los angenommen oder zurückgewiesen wird.

Entdeckte Fehler müssen zusätzlich in eine Fehlerdatenbank eingetragen werden. Dabei werden den aufgetauchten Fehlern eindeutige Fehlerschlüssel zugeordnet

(Linß, 2018, S. 414). Hierzu muss ein unternehmensspezifischer Fehlerkatalog erstellt werden, in dem die möglichen Fehlerarten, -ursachen und -orte aufgelistet werden. Dieser bezieht sich auf alle Produkte des Unternehmens. Fehlerort, -art und -ursache werden Zahlencodes zugewiesen. Aus diesen leitet sich der sogenannte Fehlerschlüssel ab (Bild 8.15).

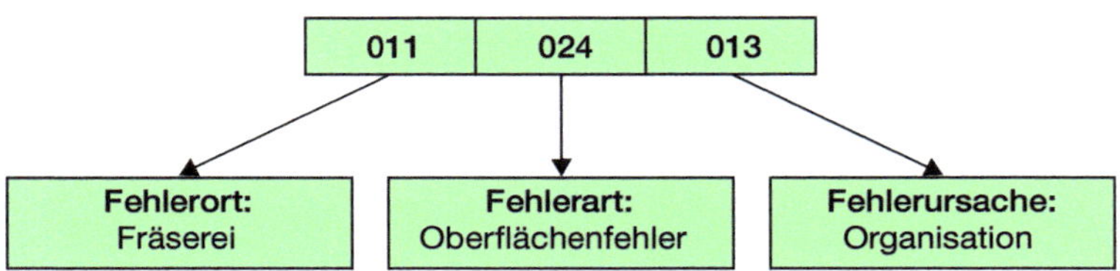

Bild 8.15 Struktur eines Fehlerschlüssels (in Anlehnung an: Linß, 2018, S. 414)

Zudem müssen spezifische Angaben zu den Prüfungen in die Datenbank eingetragen werden. Dies umfasst z. B. den Prüfumfang, die Anzahl der geprüften Teile sowie Prüfdatum und -zeit. Die Erfassungszeiträume der Fehler sind unternehmensspezifisch je nach Produktions- und Prüfumfang sowie auftretender Fehlermengen zu bestimmen. Die Abstände sind jedoch immer gleich zu halten, um die Daten der einzelnen Erfassungszeiträume vergleichbar zu machen.

Aus den erfassten Prüfdaten und Fehlern soll nach Durchführung ein Prüfprotokoll angefertigt werden. Darin werden die ausgewerteten Prüfdaten eingetragen.

Umsetzungshinweis

Fertigen Sie eine für Ihre Prüfungen geeignete Prüfdatenerfassungsliste an und integrieren Sie die automatische Auswertung der Prüfergebnisse. Der Prüfer soll ausschließlich die Prüfdaten erfassen und in die vorgefertigte Liste eintragen. Diese soll je nach festgelegten Qualitätsanforderungen automatisch berechnen, ob das Los angenommen oder zurückgewiesen wird.

Schritt: 7.7

Erfassen der Prüfdaten

Mitwirkend: Operative Qualitätssicherung und Entwicklung

Zeitpunkt: Nach der Produktentwicklung, vor Beginn der Produktion und während der Produktion laufend

Vorlagen: 25_Fehlerdatenbank
26_Fehlerkatalog

Legen Sie im Unternehmen fest, in welchen Abständen Sie die Fehlerauswertungen durchführen und somit neue Fehlerlisten starten. Erörtern Sie im Team, welche möglichen Fehlerarten, -orte und -ursachen sich in Ihrem Unternehmen einstellen können. Dokumentieren Sie diese in einem Fehlerkatalog und stellen Sie eine Systematik für Fehlerschlüssel auf.

Dokumentieren Sie die relevanten Ergebnisse aus der Prüfdatenliste in einem Prüfprotokoll und die entdeckten Fehler zusätzlich in einer Fehlerdatenbank. Bestimmen Sie für entdeckte Fehler Sofortmaßnahmen bezüglich des Herstellprozesses und des fehlerhaften Produktes.

8.2.6 Dokumentieren der durchzuführenden Prüfungen

Das Ergebnis der Prüfplanung stellt den Prüfplan dar (Linß, 2018, S. 236). Dieses Dokument definiert den Prüfgegenstand und die Aufgaben und Verantwortlichkeiten bei den Prüfungen sowie die zeitliche Planung. Zudem enthält der Prüfplan Information zu den in Tabelle 8.4 aufgeführten Aspekten. Er dient als Anleitung für die Mitarbeitenden zur Durchführung der Prüfung.

Im Arbeitsplan sollen die Prüfschritte integriert werden und auf die jeweiligen Prüfpläne verweisen. Die Prüfpläne können nach dem Zeitpunkt der Durchführung (z. B. Wareneingang, Endprüfung) entworfen werden.

Je nach herzustellendem Produkt unterscheidet sich die Anzahl und Komplexität der durchzuführenden Prüfungen und der damit verbundenen Dokumentation. Bei einem komplexen Produkt, das aus mehreren, intern im Unternehmen gefertigten Bauteilen besteht, kann es sinnvoll sein, für jedes Bauteil einen separaten Prüfplan anzulegen. In der Regel sind für die Produktion verschiedener Bauteile jeweils verschiedene Mitarbeitende zuständig, die somit zur Selbstprüfung die Prüfung vor, während oder nach der Produktion des Bauteils durchführen.

Umsetzungshinweis

Integrieren Sie die Prüfungen (z. B. Wareneingangsprüfung, Endprüfung) in Ihren Arbeitsplan. Fertigen Sie für die jeweiligen Prüfungen einen Prüfplan an.

Schritt:	7.8
Dokumentieren der durchzuführenden Prüfungen	
Mitwirkend:	Operative Qualitätssicherung
Zeitpunkt:	Nach der Produktentwicklung, vor Beginn der Produktion und während der Produktion laufend
Vorlagen:	23_Prüfplan

8.3 Überwachen der Prüfmittel

ISO 9001:2015: Abschnitt 7.1.5

Die Genauigkeit und Zuverlässigkeit der Qualitätsprüfungen hängen von der Qualität und Güte der Prüfmittel ab (Brunner & Wagner, 2016, S. 241). Für eine angemessene Beurteilung der Prüfergebnisse sind fehlerfreie Messungen notwendig. Ein Prüfmittel kann jedoch immer nur einen Näherungswert zum realen Wert darstellen, da es zufälligen Streuungen und systematischen Einflüssen unterworfen ist.

Diese sind für jedes Prüfmittel und jedes Prüfobjekt einzeln zu betrachten und zu bewerten (Hinsch, 2019, S. 52 – 53). Dadurch wird die Eignung des Prüfmittels für das zu prüfende Merkmal ermittelt. Zudem ist es aufgrund des hohen Verschleißes von Prüfmitteln notwendig, diese regelmäßig zu überprüfen und gegebenenfalls zu kalibrieren. Darüber hinaus umfasst die Überwachung der Prüfmittel die Erfassung, Kennzeichnung, Lagerung, Konservierung, Funktions- und Einsatzüberwachung, Überwachungsprüfung, Instandsetzung, Wartung, Änderung und Rechtspflege.

8.3.1 Prüfen der Eignung der Prüfmittel

Vor Ersteinsatz oder Wiedereinsatz eines Prüfmittels ist die Eignung und Funktionsfähigkeit für seinen beabsichtigten spezifischen Einsatz zu überprüfen (Brunner & Wagner, 2016, S. 263). Dabei müssen die Einflüsse durch die reale Messumgebung und -aufgabe berücksichtigt werden.

Hierzu wird die sogenannte Prüfmittelfähigkeit durch die Berechnung der Prüfmittelfähigkeitsindizes ermittelt (Brunner & Wagner, 2016, S. 265). Man unterscheidet den Fähigkeitsindex für die Wiederholbarkeit und den Fähigkeitsindex für die Genauigkeit. Die Genauigkeit gibt die systembedingte Abweichung des beobachteten Wertes zum gemessenen Mittelwert an. Die Wiederholbarkeit zeigt die Unterschiede zwischen den ermittelten Werten, bei wiederholter Messung desselben Teils durch dasselbe Prüfmittel und von derselben Person.

Im Rahmen der Prüfmittelfähigkeitsuntersuchung wird mit dem Prüfmittel ein Normal wiederholt gemessen (Brunner & Wagner, 2016, S. 267). In der Regel werden 50 Messungen, aber mindestens 25 Messungen durchgeführt. Hierbei wird das Normal nach jeder Messung entfernt und gleich ausgerichtet wieder in das Prüfmittel eingesetzt. Aus den Messergebnissen wird der Fähigkeitsindex für die Wiederholbarkeit c_g und für die Genauigkeit c_{gk} über folgende Formeln berechnet:

$$c_g = \frac{0,15 \cdot \sigma}{s} \tag{8.18}$$

$$c_{gk} = \frac{0,45 \cdot \sigma - (x_{Normal} - \overline{x})}{3 \cdot s} \tag{8.19}$$

Mit

c_g: Fähigkeitsindex für Wiederholbarkeit

c_{gk}: Fähigkeitsindex für Genauigkeit

x_{Normal}: Wahrer Wert des Normals

Eine Prüfmittelfähigkeit ist gegeben, wenn der Wert der Prüfmittelfähigkeitsindizes ≥ 1,33 ist (Herrmann & Fritz, 2021, S. 136).

Umsetzungshinweis

Ermitteln Sie, ob das vorgesehene Prüfmittel für den geplanten Prüfprozess geeignet ist, indem Sie die Fähigkeitsindizes berechnen. Tragen Sie die Ergebnisse in die Prüfmittelkartei ein.

Schritt: 7.9

Prüfen der Eignung der Prüfmittel

Mitwirkend: Operative Qualitätssicherung

Zeitpunkt: Nach der Produktentwicklung, vor Beginn der Produktion und während der Produktion laufend

Vorlagen: 27_Prüfmittelkartei

8.3.2 Erfassen und Verwalten der Prüfmittel

Bei Neuanschaffung eines Prüfmittels wird dieses ordnungsgemäß inventarisiert (Brüggemann & Bremer, 2020, S. 164). Es wird sinngemäß einer Gruppe zugeordnet und mit einer eindeutigen Identifikationsnummer versehen. Das Prüfmittel ist direkt mit dieser Nummer zu kennzeichnen. Zudem ist das Prüfmittel mit folgenden Daten in eine Prüfmittelliste einzutragen:

- Identifikationsnummer
- Bezeichnung des Prüfmittels
- Gruppe des Prüfmittels
- Hersteller/Lieferant
- Standort des Prüfmittels
- Terminüberwachung, nächster Kalibriertermin
- Zustand des Prüfmittels
- Zuständige Überwachungsstelle

Darüber hinaus ist für jedes Prüfmittel eine sogenannte Karteikarte anzulegen, in der Informationen zum Messbereich, Anschaffungsdatum, Kaufpreis, Prüfintervall, der Anzahl der Prüfungen, der Nutzungen und der Beanstandungen festgehalten werden (Brunner & Wagner, 2016, S. 260). Weiterhin ist den Karteikarten jeweils eine Liste hinzuzufügen, die die Prüfungen und Reparaturen an dem Prüfmittel protokolliert.

Umsetzungshinweis

Erfassen Sie neu angelegte Prüfmittel in einer Prüfmittelliste und legen Sie für jedes Prüfmittel eine Prüfmittelkartei an. Aktualisieren Sie die Karteikarten laufend. Kennzeichnen Sie Ihre Prüfmittel über eine eindeutige Identifikationsnummer.

Schritt: 7.10

Erfassen und Verwalten der Prüfmittel

Mitwirkend: Operative Qualitätssicherung

Zeitpunkt: Vor Beginn der Produktion und während der Produktion laufend

Vorlagen: 24_Prüfmittelliste
27_Prüfmittelkartei

8.3.3 Überprüfen der Prüfmittel

Durch systematische Einflüsse auf den Prüfprozess wie z. B. chemische und physikalische Einflüsse, unsachgemäßer Gebrauch oder gebrauchsbedingter Verschleiß verändern sich mit der Zeit die berechneten Messunsicherheiten (Brunner & Wagner, 2016, S. 254). Mit der Überprüfung der Prüfmittel stellt man sicher, dass die Prüfergebnisse sich bei gleichbleibenden Ergebnissen in demselben Bereich befinden (Brüggemann & Bremer, 2020, S. 165 – 167). Diese Überprüfung der Messgenauigkeit wird Kalibrierung genannt.

Bei der Kalibrierung wird mit einem Prüfmittel ein Normal gemessen und mit dem Referenzwert des Normals verglichen (Brunner & Wagner, 2016, S. 244). Die Abweichungen werden dokumentiert, um die Messabweichung herauszufinden. Dabei wird überprüft, ob die ermittelte Messabweichung den Anforderungen an die Messung genügt.

Weiterhin ist das Prüfintervall festzulegen. Das Prüfintervall ist abhängig von der Art des Prüfmittels, dem Verwendungszweck und der Benutzerfreundlichkeit. Prüfintervalle sollen Nachkalibrierung ermöglichen, bevor eine Veränderung der Genauigkeit die Verwendung des Prüfmittels beeinträchtigt.

Darüber hinaus sind die Prüfmittel mit dem aktuellen Überwachungsstatus zu kennzeichnen (Brüggemann & Bremer, 2020, S. 167). In der Regel wird eine Prüfplakette direkt auf dem Prüfmittel angebracht und der nächste Prüftermin auf der Plakette gekennzeichnet (Bild 8.16).

Bild 8.16
Prüfplakette

Für die Prüfmittelüberwachung kann auch ein Messdienstleister beauftragt werden. Dieser übernimmt eine umfangreiche Erstbemusterung, die Bewertung der Maschinen- und Prozessfähigkeit und verfügt über das notwendige Gerätespektrum der Produktionsmesstechnik sowie das qualifizierte Personal.

Umsetzungshinweis

Legen Sie fest, in welchen Abständen welche Prüfmittel kalibriert werden müssen, und dokumentieren Sie diese Informationen in der Prüfmittelliste. Kennzeichnen Sie die Prüfmittel über Prüfplaketten bzgl. des nächsten Kalibriertermins. Dokumentieren Sie die Ergebnisse der Kalibrierungen in der Prüfmittelkartei.

Schritt: 7.11

Überprüfen der Prüfmittel

Mitwirkend: Operative Qualitätssicherung

Zeitpunkt: Vor Beginn der Produktion und während der Produktion laufend

Vorlagen: 24_Prüfmittelliste
27_Prüfmittelkartei

8.4 Überwachen der Produktion

ISO 9001:2015: Abschnitt 8.5.1

Gegenstand der operativen Qualitätssicherung sind nicht ausschließlich Prüfungen nach Abschluss des Produktionsprozesses (Offline-Prüfungen), sondern auch die statistische Prozesskontrolle (Online-Prüfungen) (Linß, 2018, S. 306). Die statistische Prozesskontrolle (SPC) umfasst in den Produktionsablauf integrierte Prüfungen. Dabei werden in konstanten Zeitabständen Stichproben aus dem Produktionsprozess entnommen, geprüft und Ergebnisse in Qualitätsregelkarten (QRK) eingetragen. Hierdurch erhält man Rückschlüsse auf den Produktionsverlauf und kann bei Abweichungen der Messergebnisse von den Spezifikationsgrenzen den Prozess durch Einstellungsänderungen regulieren.

Die Voraussetzung für die statistische Prozesskontrolle ist ein beherrschter und fähiger Prozess, der durch die vorläufige Prozessfähigkeitsuntersuchung, wie in Abschnitt 8.1.3 erläutert, nachgewiesen wird (Brückner, 2021, S. 73). Sie stellt somit die Vorlaufuntersuchung für den Einsatz von QRK dar. Die SPC über QRK eignet sich für den Einsatz größerer Serien gleichartiger Prozessabläufe und stabiler Prozesse.

Für jedes zu messende Qualitätsmerkmal wird eine eigene QRK benötigt (Linß, 2018). Dabei werden je nach dargestellten Parametern verschiedene Arten von QRK unterschieden: die $\overline{x}$-R-, $\overline{x}$-s-, $\tilde{x}$-R- und die X-R_m-QRK für variable Daten. Darüber hinaus gibt es QRK für attributive Daten, bei denen die Streuung zwischen den Stichproben gemessen wird. Die $\overline{x}$-R-QRK gehört zu den am häufigsten eingesetzten QRK für variable Daten. Aus diesem Grund werden die anderen QRK nicht weiter behandelt. Die $\overline{x}$-R-QRK stellt für jede Messung den Mittelwert $\overline{x}$ und die Spannweite R dar.

Im Rahmen der SPC ist zu bestimmen, welche Qualitätsmerkmale und welche Parameter der Merkmale während des Produktionsprozesses zu überwachen sind. Darüber hinaus sind der Ort der Messung, der Stichprobenumfang sowie der zeitliche Stichprobenabstand zu bestimmen und die Eingriffs- und Warngrenzen zu berechnen. Die Berechnung der Eingriffs- und Warngrenzen ist abhängig von der QRK und dem Stichprobenumfang.

Für die $\overline{x}$-R-QRK ist ein Stichprobenumfang von unter zehn Teilen, üblicherweise drei bis fünf Teile, erforderlich (Brückner, 2021, S. 73). Für die Berechnung der Eingriffsgrenzen müssen die Mittellinie des arithmetischen Mittelwerts $\overline{\overline{x}}$ und der Spannweite $\overline{R}$ (s. Formel 8.20) bestimmt werden (Linß, 2018).

$$\overline{R} = \frac{R_1 + R_2 + \cdots + R_k}{n_k} \tag{8.20}$$

Mit

$\overline{R}$: Mittellinie der Spannweite

R_k: Spannweite der letzten Stichprobe im Prozessverlauf

Aus diesen Daten werden jeweils die obere Eingriffsgrenze (OEG) und die untere Eingriffsgrenze (UEG) des arithmetischen Mittelwerts und der Spannweite für die $\overline{x}$-R-QRK über folgende Formeln berechnet (Brunner & Wagner, 2016, S. 217):

$$OEG_{\overline{x}} = \overline{\overline{x}} + A_2 \cdot \overline{R} \tag{8.21}$$

$$UEG_{\overline{x}} = \overline{\overline{x}} - A_2 \cdot \overline{R} \tag{8.22}$$

$$OEG_R = D_4 \cdot \overline{R} \tag{8.23}$$

$$UEG_R = D_3 \cdot \overline{R} \tag{8.24}$$

Mit

A_2, D_3, D_4: Konstanten zur Berechnung der Eingriffsgrenzen

Für die Berechnung der Eingriffsgrenzen bei $\overline{x}$-R-QRK werden die Konstanten A_2, D_3 und D_4 benötigt, die je nach festgelegtem Stichprobenumfang n der Tabelle 8.9 entnommen werden (Brunner & Wagner, 2016, S. 821).

Tabelle 8.9 Konstanten zur Berechnung der Eingriffsgrenzen bei $\overline{x}$-R-QRK (in Anlehnung an: Brunner & Wagner, 2016, S. 821)

Stichprobenumfang n	A_2	D_3	D_4
2	1,880	0	3,267
3	1,023	0	2,575
4	0,729	0	2,282
5	0,577	0	2,115
6	0,483	0	2,004
7	0,419	0,076	1,924
8	0,373	0,136	1,864

Zusätzlich können die obere Warngrenze (OWG) und die untere Warngrenze (UWG) eingetragen werden. Die Warngrenzen werden in der Regel jeweils um eine zweifache Standardabweichung um den Sollwert angesetzt (Brückner, 2021, S. 74). Die QRK stellt das Verhältnis der gemittelten Parameter der Messwerte zu den Eingriffs- und Warngrenzen über den Prozess hinweg grafisch dar (Bild 8.17).

Somit ist direkt ersichtlich, wenn die Messwerte die jeweiligen Grenzen überschreiten, und es kann regelnd in den Prozess eingegriffen werden.

Nach Produktionsstart, bei laufender Verwendung der QRK, lässt sich die Langzeitfähigkeitsuntersuchung durchführen (Brüggemann & Bremer, 2020, S. 112). Hierbei wird das Langzeitverhalten des Prozesses mit all seinen Einflussgrößen betrachtet, z. B. Mensch, Maschinen, Methoden, Material, Umweltbedingungen.

Die Stichprobe für die Langzeitfähigkeitsuntersuchung muss von mindestens 20 Produktionstagen stammen und 25 Stichproben zu je fünf Teilen umfassen (Brunner & Wagner, 2016, S. 225). Die Berechnung des Streuungsindexes c_p und des Niveauindexes c_{pk} erfolgt auf Basis der Daten aus den QRK. Sie werden über Formel 8.7 und Formel 8.8 berechnet.

Ein Prozess gilt als fähig und beherrscht, wenn der Streuungsindex c_p und der Niveauindex $c_{pk} \geq 1{,}33$ sind (Brüggemann & Bremer, 2020, S. 112).

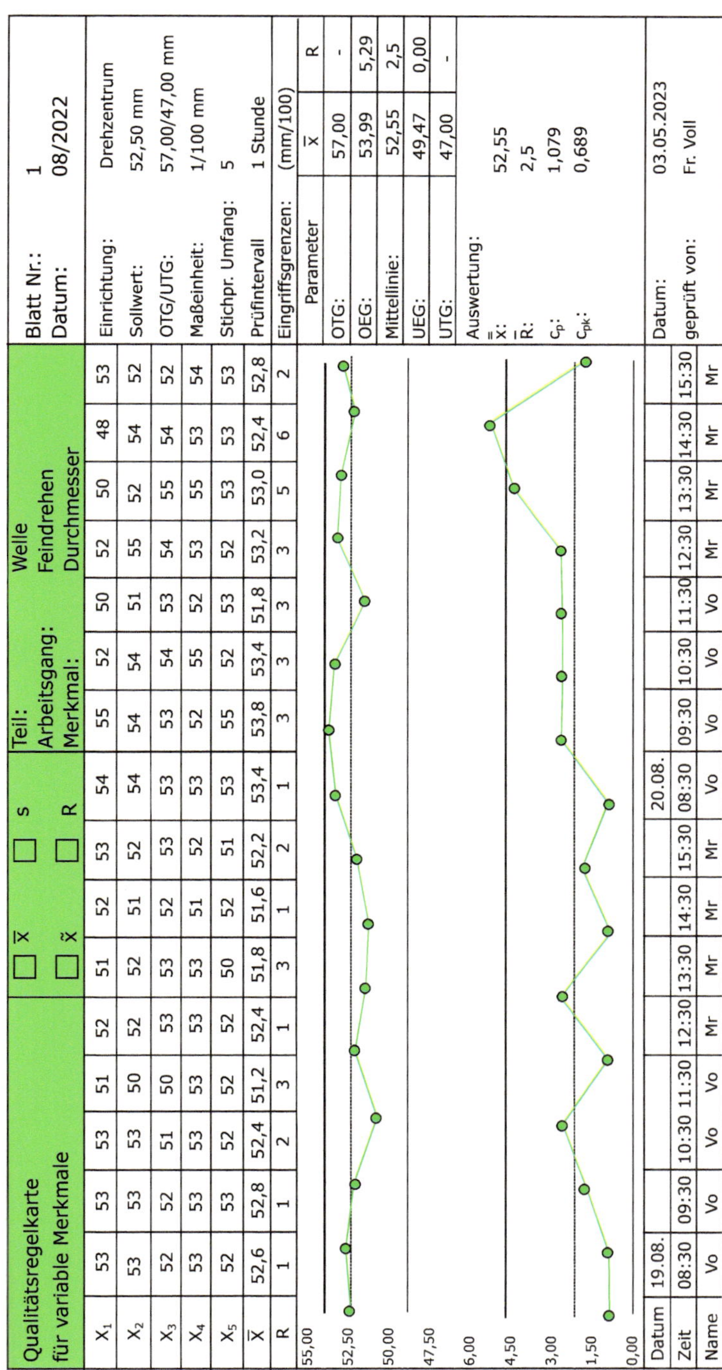

Qualitätsregelkarte für variable Merkmale

☐ x̄ ☐ s ☐ x̃ ☐ R

Teil: Welle
Arbeitsgang: Feindrehen
Merkmal: Durchmesser

Blatt Nr.: 1
Datum: 08/2022

x_1	53	53	53	51	52	51	52	53	54	55	52	50	52	50	48	53
x_2	53	53	53	50	52	52	51	52	54	54	54	51	55	52	54	52
x_3	52	52	51	50	53	53	52	53	53	53	54	53	54	55	54	52
x_4	53	53	53	53	53	53	51	52	53	52	55	52	53	55	53	54
x_5	52	53	52	52	52	50	52	51	53	55	52	53	52	53	53	53
$\bar{x}$	52,6	52,8	52,4	51,2	52,4	51,8	51,6	52,2	53,4	53,8	53,4	51,8	53,2	53,0	52,4	52,8
R	1	1	2	3	1	3	1	2	1	3	3	3	3	5	6	2
Datum	19.08.								20.08.							
Zeit	08:30	09:30	10:30	11:30	12:30	13:30	14:30	15:30	08:30	09:30	10:30	11:30	12:30	13:30	14:30	15:30
Name	Vo	Vo	Vo	Vo	Mr	Mr	Mr	Mr	Vo	Vo	Vo	Vo	Mr	Mr	Mr	Mr

Einrichtung: Drehzentrum
Sollwert: 52,50 mm
OTG/UTG: 57,00/47,00 mm
Maßeinheit: 1/100 mm
Stichpr. Umfang: 5
Prüfintervall 1 Stunde
Eingriffsgrenzen: (mm/100)

Parameter	$\bar{x}$	R
OTG:	57,00	-
OEG:	53,99	5,29
Mittellinie:	52,55	2,5
UEG:	49,47	0,00
UTG:	47,00	-

Auswertung:
$\bar{\bar{x}}$: 52,55
$\bar{R}$: 2,5
c_p: 1,079
c_{pk}: 0,689

Datum: 03.05.2023
geprüft von: Fr. Voll

Bild 8.17 Beispiel für eine $\bar{x}$-R-QRK für das variable Merkmal Durchmesser einer Welle (in Anlehnung an: QZ-online)

Umsetzungshinweis

Bestimmen Sie, ob eine SPC für Ihren Produktionsprozess geeignet und umsetzbar ist. Handelt es sich um einen automatisierten Prozess, der hohe Stückzahlen hervorbringt, ist ein SPC grundsätzlich sinnvoll.

Schritt:	7.12
Überwachen der Produktion	
Mitwirkend:	Operative Qualitätssicherung
Zeitpunkt:	Nach der Produktentwicklung, vor Beginn der Produktion und während der Produktion laufend

Legen Sie die zu prüfenden Merkmale, den Stichprobenumfang sowie die zeitlichen Abstände und das Prüfmittel (s. Abschnitt 8.2) fest. Wählen Sie einen geeigneten QRK-Typ für die zu untersuchenden Merkmale und erstellen Sie eine QRK für jedes Merkmal.

Ermitteln Sie nach Anlauf des Prozesses regelmäßig die Langzeitfähigkeit des Prozesses.

Dokumentierte Information/QMH: Themenbereich „QM in der Produktion"

Beschreiben Sie in Ihrem QMH, wie Sie in Ihrem Unternehmen sicherstellen, dass die Wertschöpfungsprozesse wie geplant durchgeführt werden, wie Sie die Qualität der Produkte gewährleisten und wie Sie mit Änderungen umgehen.

Erläutern Sie zudem das Vorgehen bei der Prüfplanung in Ihrem Unternehmen und führen Sie darüber hinaus an, wie Sie die Prüfmittel überwachen.

Verlinken Sie an dieser Stelle im QMH alle dazugehörigen Dokumente. In Bezug auf diesen Leitfaden sind das folgende:

- Fehlerdatenbank
- Prozessbeschreibung „Produkt herstellen"
- Prozessbeschreibung „Produktionsprozess steuern"
- Prozessbeschreibung „Prüfmittel überwachen"
- Prozessbeschreibung „Qualitätsprüfung durchführen"
- Prüfmittelliste

- Vorlage „Arbeitsplan“
- Vorlage „Fehlerkatalog“
- Vorlage „Produktionsbericht“
- Vorlage „Produktionsplan“
- Vorlage „Prüfplan“
- Vorlage „Prüfmittelkartei“

9 Qualitätsmanagement in der Beschaffung

Die Qualität des produzierten Endproduktes ist von der Qualität der Zulieferteile und Materialien abhängig (Brüggemann & Bremer, 2020, S. 151). Aus diesem Grund müssen die Abläufe und die Zusammenarbeit mit Lieferanten organisiert werden. Das Unternehmen soll sicherstellen, dass der externe Anbieter fähig ist, anforderungskonforme Produkte oder Prozesse bereitzustellen. Sie müssen geeignete und aussagefähige Kriterien definieren, um Beurteilung, Auswahl, Überwachung der Leistung sowie Neubeurteilung durchzuführen. Die Integration potenzieller Lieferanten in den Produktentwicklungsprozess sollte dabei möglichst früh stattfinden.

9.1 Auswählen der Lieferanten

ISO 9001:2015: Abschnitt 8.4.1

Ein externer Lieferant ist ein Unternehmen, das einem anderen Unternehmen Produkte, Rohstoffe oder Dienstleistungen zur Verfügung stellt. Dabei können drei konkrete Fälle der externen Bereitstellung unterschieden werden (Tabelle 9.1).

Tabelle 9.1 Beispiele für Arten der externen Bereitstellung (in Anlehnung an: Koubek, 2015, S. 228)

Bereitstellung	Erläuterung
Ausgliederung (engl. Outsourcing)	Stellt die Ausgliederung von Prozessen dar. Ein Prozess oder Teilprozess wird durch die Entscheidung des Unternehmens durch einen externen Anbieter durchgeführt.
Beauftragung	Produkte und Dienstleistungen werden dem Kunden im Auftrag des Unternehmens durch den externen Anbieter bereitgestellt.
Einkauf	Stellt die klassische Beschaffung dar. Der externe Anbieter liefert Produkte oder Rohstoffe, die in die unternehmensinternen Produkte integriert werden.

Der Auswahl des geeigneten Lieferanten kommt eine große Bedeutung zu (Brunner & Wagner, 2016, S. 39 – 40). Eine Auswahl nach Preis und Qualität durch Inspektion der Zulieferteile, wie es früher üblich war, ist nicht mehr ausreichend. Heute wird eine langfristige Systempartnerschaft mit einzelnen gut ausgewählten Lieferanten angestrebt. Somit lässt sich die Lieferantenzahl stark reduzieren. Dieses Prinzip wird Single Sourcing genannt.

Die Auswahl der Lieferanten muss auf Grundlage zuvor klar definierter Kriterien geschehen (Linß, 2018, S. 470 – 471). Dabei werden Lieferanten gleicher Produkte gemeinsam betrachtet und miteinander verglichen, um den Lieferanten auszuwählen, der am besten für die Produktion bzw. zur Durchführung des Prozesses geeignet ist. Hierzu kann eine Lieferantenerstbewertung beruhend auf dem Image des Lieferanten, dem gestelltem Angebot des Lieferanten, Musterprodukten, Preislisten, Katalogen, Erfahrungen anderer Unternehmen sowie vom Lieferanten bereitgestellten Informationen durchgeführt werden. Für die Bewertung werden verschiedene unternehmens- und produktspezifische Kriterien festgelegt. Mögliche Kriterien können den Einstandspreis, die Lieferzeit, die Kapazitäten, den Standort, die technischen Möglichkeiten, das Image und die Qualität betreffen.

Diese Kriterien werden nach ihrer Bedeutung für das Unternehmen gewichtet und die gesammelten Informationen werden in eine Lieferantenmatrix eingetragen. Daraufhin werden die Lieferanten in Bezug auf die Kriterien nach einem festgelegten Punktesystem bewertet.

Auf Basis dieser Punktebewertung lassen sich die Lieferanten nach ihrer Leistung in A-, B- und C-Lieferanten unterteilen (Tabelle 9.2) (Brunner & Wagner, 2016, S. 40). A- und B-Lieferanten sind als geeignet und C-Lieferanten als nicht zugelassen einzustufen. A-Lieferanten sind möglichst vor den anderen zu priorisieren.

Tabelle 9.2 Einteilung der Lieferanten in Rang A, B und C (in Anlehnung an: Brunner & Wagner, 2016, S. 40)

Rang	Bewertung	Erläuterung
A	Mehr als 95 % der Höchstbewertung	Voll qualitätsfähig
B	Mehr als 85 % der Höchstbewertung	Eingeschränkt qualitätsfähig
C	Mehr als 75 % der Höchstbewertung	Nicht zugelassen

Umsetzungshinweis

Legen Sie im Team fest, welche Kriterien in Bezug auf welche Lieferantengruppen in die Bewertung miteinzubeziehen sind. Erstellen Sie daraufhin eine Lieferantenmatrix. Entscheiden Sie sich auf Grundlage der Ergebnisse für einen oder mehrere Lieferanten.

Schritt: 8.1

Auswählen der Lieferanten

Mitwirkend: Lieferantenmanagement

Zeitpunkt: Während der Produktentwicklung und vor Beginn der Produktion

Vorlagen: 28_Lieferantenmatrix

9.2 Überwachen der Lieferanten

ISO 9001:2015: Abschnitt 8.4.2 und 8.4.3

Laut DIN (2015b, S. 38) müssen Unternehmen die Leistung externer Bereitsteller von Produkten oder Prozessen überwachen. Sämtliche externe Anbieter, die für Ihre Produktqualität relevante Beiträge liefern, müssen hinsichtlich ihrer Qualitätsfähigkeit überprüft werden. Ausgelagerte Prozesse müssen unter der Steuerung des QMS des Unternehmens bleiben.

9.2.1 Kontrollieren der Lieferanten

Es muss sichergestellt werden, dass die Lieferanten kontinuierlich die vereinbarten Leistungen erbringen. Zur Überwachung der Lieferantenleistung gibt es verschiedene Vorgehensweisen unterschiedlicher Intensität (Tabelle 9.3). Das Ausmaß der Steuerung ist abhängig davon, wie sich die extern bereitgestellten Produkte und Prozesse auf die Fähigkeit des Unternehmens auswirken können, die Anforderungen zu erfüllen.

Tabelle 9.3 Möglichkeiten zur Lieferantensteuerung

Kontrollmaßnahme	Erläuterung
Integration	Der Lieferant wird bei der Produktentwicklung miteinbezogen, und die Prozesse werden abgestimmt.
Kennzahlenreporting	Es können Schlüsselgrößen des externen Anbieters überwacht und dazu Berichterstattungsmechanismen etabliert werden.
Lieferantenaudits	Das Produkt, der Prozess oder das System des Lieferanten können auditiert werden. Die Intensität des Audits kann variieren: von einem Quick Scan Audit bis zum vollumfänglichen Systemaudit.
Kontrollmaßnahme	**Erläuterung**
Lieferantenentwicklung	Mit Fokus auf Beziehungsmanagement mit Lieferanten werden langfristige Zielvereinbarungen zur Steigerung der Effizienz vereinbart.
Produktionsteil-Freigabeverfahren	Im Rahmen der Produktionsteil-Freigabe (engl. Production Part Approval Process, PPAP) prüfen der Lieferant und der Abnehmer Produktionsteile, die einem repräsentativen Produktionslauf entnommen wurden, bzgl. vereinbarter Kriterien.
Qualitätssicherungsvereinbarung	In einer Qualitätssicherungsvereinbarung (QSV) werden gemeinsame Regeln für unternehmensübergreifende Qualitätssicherungsmaßnahmen definiert.
Wareneingangskontrollen	Je nach geliefertem Produkt werden Schadensprüfung, Belegprüfung, Lieferberechtigungsprüfung, Terminprüfung, Artikelprüfung, Mengenprüfung und/oder Qualitätsprüfungen durchgeführt.

In der Regel ist eine Kombination aus dem Produktionsteil-Freigabeverfahren, regelmäßigen Wareneingangskontrollen, einer QSV und möglicherweise gelegentlichen Lieferantenaudits zu wählen. Langfristig ist eine Lieferantenentwicklung anzustreben.

9.2.1.1 Einrichten des Produktionsteil-Freigabeverfahrens

Für das Freigabeverfahren werden Musterteile vom Lieferanten unter späteren Produktionsbedingungen gefertigt (Brüggemann & Bremer, 2020, S. 154). Daraufhin kann der Lieferant die mit dem Abnehmer vereinbarten Prüfungen an den Produktteilen durchführen und dem Abnehmer den Erstmusterprüfbericht zukommen lassen. Es empfiehlt sich zusätzlich, für den Abnehmer einige Produktionsteile anzufordern und selbstständig auf kritische Merkmale zu prüfen. Diese Merkmale sind der FMEA zu entnehmen. Die Prüfmethoden und -mittel sind vorher festzulegen (s. Abschnitt 8.2).

Umsetzungshinweis

Bestimmen Sie anhand der FMEA, welche kritischen Merkmale Sie an welchen Produktteilen im Rahmen der Freigabe zur Serienproduktion prüfen. Legen Sie Prüfmethoden und Prüfmittel fest. Definieren Sie zudem zulässige Ergebnisse.

Schritt:	8.2
Einrichten des Produktionsteil-Freigabeverfahrens	
Mitwirkend:	Operative Qualitätssicherung
Zeitpunkt:	Nach der Produktentwicklung und vor Beginn der Produktion
Vorlagen:	29_Produktionsteil-Freigabe

9.2.1.2 Einrichten der Wareneingangsprüfungen

Im Rahmen der Wareneingangsprüfung werden zugelieferte Produkte auf die Übereinstimmung mit den Qualitätsanforderungen überprüft (Brunner & Wagner, 2016, S. 43). Dies erfolgt mittels der Annahmestichprobenprüfung (s. Abschnitt 8.2.3.2). In jedem Fall sollen die mitgelieferten Dokumente und kritischen Produktmerkmale geprüft werden, um eine lückenlose Rückverfolgbarkeit zu gewährleisten. Je nach Prüfergebnis wird über die Annahme oder Rückweisung des Loses entschieden.

Umsetzungshinweis

Planen Sie nach dem in Abschnitt 8.2 beschriebenen Vorgehen Wareneingangsprüfungen und dokumentieren Sie die Prüfinhalte in einem Prüfplan.

Schritt: 8.3

Einrichten der Wareneingangsprüfungen

Mitwirkend: Operative Qualitätssicherung

Zeitpunkt: Nach der Produktentwicklung und vor Beginn der Produktion

Vorlagen: 23_Prüfplan
27_Prüfmittelkartei

9.2.1.3 Bestimmen der Qualitätssicherungsvereinbarung

Die QSV ist eine vertragliche Vereinbarung zwischen dem Unternehmen und dem Lieferanten, in der detailliert festgehalten wird, was der Lieferant zur Qualitätssicherung leisten soll (Brüggemann & Bremer, 2020, S. 152). Die QSV ist Teil eines Kaufvertrages. Die konkreten Inhalte werden zwischen dem Unternehmen und dem Lieferanten ausgehandelt.

Umsetzungshinweis

Legen Sie im Rahmen von Lieferantenverträgen Vereinbarungen in Bezug auf die Zusammenarbeit fest. Stellen Sie durch die Vereinbarungen sicher, dass die Leistungen des Lieferanten den festgelegten Anforderungen entsprechen.

Schritt: 8.4

Bestimmen der Qualitätssicherungsvereinbarung

Mitwirkend: Operative Qualitätssicherung und Entwicklung

Zeitpunkt: Nach der Produktentwicklung und vor Abschluss eines Liefervertrages

Vorlagen: 30_QVS

9.2.1.4 Auditieren der Lieferanten

Der Begriff Audit stammt vom lateinischen Wort „audire“ für „hören“ und kann mit „Anhörung“ oder „Überprüfung“ übersetzt werden (Brauweiler et al., 2015, S. 3 – 6). Ein Qualitätsaudit ist eine systematische und unabhängige Untersuchung, in der festgestellt werden soll, ob die qualitätsbezogenen Tätigkeiten und erzeugten Ergebnisse den geplanten Anforderungen entsprechen. Grundsätzlich werden je nach Untersuchungsgegenstand drei Auditarten unterschieden: System-, Prozess- und Produktaudit (Tabelle 9.4) (Kamiske & Brauer, 2021, S. 8 – 9).

Tabelle 9.4 Erläuterung der Auditarten (in Anlehnung an: Brüggemann & Bremer, 2020a, S. 138; Linß, 2018, S. 573)

	Systemaudit	Prozessaudit	Produktaudit
Fragestellung	Stimmt das vorhandene System mit den Normen, Richtlinien und externen/internen Zielen überein?	Ist der Prozess geeignet, das Produkt reproduzierbar herzustellen?	Entspricht das Produkt den vorgeschriebenen Spezifikationen?
Gegenstand	Gesamtes oder Teile des QMS des Unternehmens	Produktentstehungs- oder Dienstleistungsprozess	Von der Endprüfung freigegebene Produkte oder Zwischenprodukte
Unterlagen	QM-Handbuch, QM-Anweisungen, QM-Dokumentation	Einstell-, Fertigungs-, Prüf- und Wartungspläne	Stücklisten, Zeichnungen, Beschreibungen, Muster

Beim Lieferantenaudit untersucht das abnehmende Unternehmen gezielt einzelne technische und organisatorische Bereiche im Unternehmen des Lieferanten (Linß, 2018, S. 571 – 577). Welche Aspekte hierbei berücksichtigt werden, ist unternehmens- und branchenabhängig.

Vor Durchführung des Audits wird ein Auditor bestimmt, der ein Auditprogramm erstellt (Brauweiler et al., 2015, S. 10 – 12). Dieses stellt die Rahmenplanung der durchzuführenden Audits dar und gibt einen Überblick über die Zeitpunkte der durchzuführenden Audits, der Auditart, der zu auditierenden Bereiche und der Verantwortlichen. Das Auditprogramm muss von der Unternehmensführung genehmigt werden.

Daraufhin wird ein Auditplan erstellt, der die folgenden Punkte umfasst:

- Auditziele (Auditart, Grund für die Durchführung)
- Auditumfang (Organisationseinheiten, Standort, Termin)
- Auditkriterien

- Zu prüfende Referenzdokumente
- Auditmethoden
- Rollen und Verantwortlichkeiten
- Zeitplan für die Audittätigkeiten

Weiterhin wird eine Fragen- bzw. Checkliste mit den zu untersuchenden Aspekten angefertigt (Linß, 2018, S. 574 – 578). Anhand von stichprobenartigen Überprüfungen der Anforderungserfüllung in Bezug auf die Produkte oder Prozesse werden die Ergebnisse in der Checkliste dokumentiert. Die Aspekte können anhand von Standortbegehungen, Befragungen der Mitarbeitenden, Beobachtungen von Tätigkeiten und fortlaufender Dokumentenprüfung überprüft werden. Auf Grundlage der Ergebnisse werden Verbesserungspotenzial und Handlungsbedarf festgestellt und Maßnahmen definiert. In der Regel findet zur Überprüfung der Wirksamkeit festgelegter und umgesetzter Maßnahmen ein Folgeaudit statt. Der Auditplan inklusive der ausgefüllten Auditcheckliste kann als Auditbericht dienen. Dieser wird für mindestens drei Jahre archiviert.

Umsetzungshinweis

Legen Sie in Ihrem Unternehmen einen Auditor fest. Führen Sie nach Bedarf Lieferantenaudits bei Ihren Schlüssellieferanten durch und entscheiden auf Grundlage der Ergebnisse notwendige Verbesserungen. Erstellen Sie für die Durchführung ein Auditprogramm, einen Auditplan und eine Auditcheckliste.

Schritt: 8.5

Auditieren der Lieferanten

Mitwirkend: Lieferantenmanagement

Zeitpunkt: Nach mehrmonatigem Bestehen der Lieferantenbeziehung

Vorlagen: 31_Auditplan

9.2.2 Bewerten der Lieferanten

Nach der Freigabe zur Serienproduktion müssen die Lieferanten kontinuierlich in Bezug auf ihre Leistung beurteilt werden (Brüggemann & Bremer, 2020, S. 157 – 158). Hierzu kann eine Lieferantenbewertung durchgeführt werden. Diese wird in vorab fest definierten Zeitabständen durchgeführt. Durch die Bewertung können mehrere bestehende Lieferanten gleicher Produkte miteinander verglichen und Schwachstellen ermittelt werden. Auf Grundlage der Ergebnisse der Lieferantenbeurteilung können so die Lieferanteile angepasst, gute Lieferanten gefördert und leistungsschwache Lieferanten ausgeschlossen werden.

Die Bewertung bestehender Lieferanten wird nach demselben Prinzip durchgeführt wie die Erstbewertung zur Auswahl der Lieferanten, die in Abschnitt 9.1 erläutert wird. Beispielhafte Kriterien bei der Bewertung bestehender Lieferanten sind in Tabelle 9.5 aufgeführt.

Tabelle 9.5 Mögliche Kriterien bei der Lieferantenbewertung (in Anlehnung an: Brüggemann & Bremer, 2020a, S. 158 – 159)

Kriterium	Erläuterung
Einstandspreis	Preis bei Erstbestellung im Vergleich zu der Konkurrenz
Preisbindung	Stärke der Preisänderungen seit der Erstbestellung
QMS	Bewertung des QMS des Lieferanten durch Lieferantenaudits nach Schulnoten oder anhand von Zertifikaten [ja/nein]
Reklamationsquote	Anteil Reklamationen von Anzahl Lieferungen
Reklamationsumfang	Warenwert der Reklamationen
Service	Qualitative Bewertung nach Schulnoten von Flexibilität bei Änderungen, Zeitspanne für Antworten, Erreichbarkeit
Überschreitung Liefertermin	Anteil der zum richtigen Zeitpunkt gelieferten Teile, bezogen auf die Gesamtmenge

Mit A-Lieferanten ist eine langfristige Zusammenarbeit anzustreben, B-Lieferanten sollen zu A-Lieferanten weiterentwickelt werden, und die Zusammenarbeit mit C-Lieferanten ist zu beenden, sofern sie ihre Leistungen nicht verbessern (Brüggemann & Bremer, 2020, S. 160).

Umsetzungshinweis

Führen Sie die Lieferantenbewertung erst nach Start der Serienproduktion durch. Bestimmen Sie im Team, in welchen Zeitabständen Ihr Unternehmen Lieferantenbewertungen umsetzt. Entscheiden Sie auf Grundlage der Ergebnisse, mit welchen Lieferanten Sie weiterarbeiten, welche Sie weiterentwickeln und mit welchen Sie die Zusammenarbeit beenden werden. Definieren Sie, wenn notwendig, Maßnahmen.

Schritt:	8.6

Bewerten der Lieferanten

Mitwirkend:	Lieferantenmanagement
Zeitpunkt:	Nach mehrmonatigem Bestehen der Lieferantenbeziehung
Vorlagen:	04_Maßnahmenplan 28_Lieferantenmatrix

Dokumentierte Information/QMH: Themenbereich „QM in der Beschaffung"

Beschreiben Sie in Ihrem QMH, nach welchen Kriterien Ihr Unternehmen Lieferanten auswählt sowie wie Sie die Leistung externer Bereitsteller kontinuierlich überwachen und somit die Erfüllung der Anforderungen sicherstellen.

Verlinken Sie an dieser Stelle im QMH alle dazugehörigen Dokumente. In Bezug auf diesen Leitfaden sind das folgende:

- Prozessbeschreibung „Lieferanten auswählen"
- Prozessbeschreibung „Lieferanten bewerten"
- Prozessbeschreibung „Lieferantenaudit durchführen"
- Prozessbeschreibung „QVS erstellen"
- Prozessbeschreibung „Wareneingangsprüfung durchführen"
- Vorlage „Lieferantenmatrix"
- Vorlage „Auditplan"
- Vorlage „Produktionsteil-Freigabe"
- Vorlage „QVS"

10 Verbesserung des Qualitätsmanagementsystems

Nach Einführung und Etablierung eines QMS in einem Unternehmen ist eine kontinuierliche Überprüfung notwendig, um festzulegen, in welchem Ausmaß die geplanten Tätigkeiten verwirklicht und geplante Ergebnisse erreicht werden (DIN, 2015a, S. 46). Dadurch wird sichergestellt, dass der Arbeitsaufwand im Rahmen des QMS nicht überflüssig ist und seinen Zweck erfüllt. Auf Grundlage der Bewertung kann das QMS fortlaufend angepasst und verbessert werden.

Als Verbesserung wird eine „Tätigkeit zum Steigern der Leistung" definiert (DIN, 2015a, S. 30). Verbesserung ist ein Grundsatz des Qualitätsmanagements und umfasst wiederkehrende Tätigkeiten, basierend auf dem in Abschnitt 1.3 vorgestellten PDCA-Zyklus. Aufbauend auf Ergebnissen aus Audits, Managementbewertungen, Überprüfungen und anderen Methoden werden Chancen zur Verbesserung erkannt und führen zu Korrektur- oder Vorbeugungsmaßnahmen.

10.1 Bewerten der Kundenzufriedenheit

ISO 9001:2015: Abschnitt 9.1.2

Die Kundenzufriedenheit nimmt im Rahmen des Qualitätsmanagements eine bedeutende Stellung ein. So definiert das DIN als Ziel eines QMS die Erhöhung der Kundenzufriedenheit (DIN, 2015b, S. 13, 51). Kundenzufriedenheit ist „die Wahrnehmung des Kunden, in welchem Grad seine Bedürfnisse und Erwartungen erfüllt worden sind". Berücksichtigt werden dabei nicht nur festgelegte Kundenanforderungen, sondern auch vom Kunden nicht formulierte Bedürfnisse und Erwartungen.

Meist wird zur Ermittlung der Kundenzufriedenheit nicht nur eine Informationenquelle verwendet, sondern eine Kombination mehrerer (Koubek, 2015, S. 116 – 117). Die Kundenzufriedenheit ist ein abstraktes Konstrukt, das nicht direkt gemessen werden kann. Sie muss durch messbare Indikatoren operationalisiert werden. Messbare Indikatoren können z. B. aus Kundenbefragungen abgeleitet werden.

10.1.1 Ermitteln der Weiterempfehlungsbereitschaft

Der Net Promoter Score (NPS) bzw. der Promotorenüberhang ist eine Kennzahl zur Ermittlung der Kundenloyalität (Herrmann & Fritz, 2021, S. 79 – 80). Auf Grundlage einer einzigen Frage wird die Weiterempfehlungsbereitschaft der Kunden festgestellt: „Wie wahrscheinlich ist es, dass Sie unser Unternehmen weiterempfehlen werden?"

Diese Frage wird vom Kunden auf einer Likert-Skala von 0 (sehr unwahrscheinlich) bis 10 (sehr wahrscheinlich) bewertet (Herrmann & Fritz, 2021, S. 80). Die Likert-Skala bietet eine mehrstufige Antwortskala, über die die Befragten mehr oder weniger stark zustimmen können. Zur Auswertung werden die Kunden je nach Punktevergabe in drei Kategorien eingeteilt (Bild 10.1).

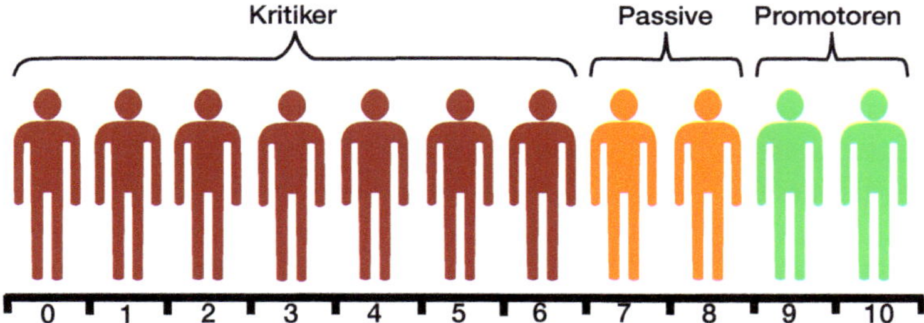

Bild 10.1 Kundenkategorien laut NPS (in Anlehnung an: LamaPoll)

Der NPS wird berechnet, indem der prozentuale Anteil der Kritiker vom prozentualen Anteil der Promotoren abgezogen wird (Herrmann & Fritz, 2021, S. 80).

$$\text{NPS} = \frac{\text{P}}{\text{K}} \tag{10.1}$$

Mit

K: Kritiker in %

NPS: Net Promoter Score (dt. Promotorenüberhang) in %

P: Promotoren in %

Im B2B-Geschäftsbereich sind NPS von 25 % üblich (B2B International). Der NPS wird in der Regel über Onlinefragebögen ermittelt. Diese können direkt an dem Produkt, z. B. als QR-Code auf der Produktverpackung, oder über einen Link per Mail, z. B. bei Versendung der Rechnungsunterlagen, zugänglich gemacht werden.

Umsetzungshinweis

Bestimmen Sie im Team, welches Medium in welchem Umfang Sie nutzen wollen, um die Weiterempfehlungsbereitschaft Ihrer Kunden zu ermitteln. Berechnen Sie in regelmäßigen Intervallen z. B. einmal jährlich aus den gesammelten Daten den NPS.

Schritt: 9.1

Ermitteln der Weiterempfehlungsbereitschaft

Mitwirkend: Kundenbetreuung

Zeitpunkt: Nach Markteintritt laufend

10.1.2 Ermitteln der Kundenzufriedenheit

Zusätzlich zum NPS kann in regelmäßigen Zeitabständen eine Kundenbefragung durchgeführt werden. Hierzu kann ein Onlinefragebogen erstellt werden, der an die bestehenden Käufer eines Jahres per E-Mail verteilt wird. Eine jährliche Durchführung ist empfehlenswert. Die Kundenbewertung kann über eine Likert-Skala mit fünf Abstufungen durchgeführt werden (Bild 10.2).

	Stimme überhaupt nicht zu	Stimme nicht zu	Stimme weder zu noch lehne ab	Stimme zu	Stimme voll und ganz zu
Sicherheit geht vor.	○	○	○	○	○
Bei meiner Gesundheit gehe ich keine Risiken ein.	○	○	○	○	○
Ich neige dazu Risiken zu vermeiden.	○	○	○	○	○
Ich lasse mich regelmäßig auf Risiken ein.	○	○	○	○	○

Bild 10.2 Ausschnitt aus einer Umfrage mit einer fünfstufigen Likert-Skala

Die abgefragten Aspekte können verschiedene Qualitätsdimensionen betreffen: Zuverlässigkeit, Leistung, Convenience, Preise, Ästhetik, Image, Kundendienst. Mithilfe dieses Fragebogens wird ermittelt, wie der Kunde das Unternehmen in Bezug auf bestimmte Qualitätsaspekte bewertet.

Die Befragung sollte bei den gewerblichen Kunden vorab angekündigt werden. Zudem sollte der Fragebogen anonymisiert sein sowie über die Inhalte der Studie und die Dauer der Umfrage informieren. Darüber hinaus ist eine möglichst geringe Anzahl an prägnanten Fragen zu empfehlen.

Nach Durchführen der Kundenbefragung müssen die Ergebnisse ausgewertet werden. Hierzu werden die prozentualen Anteile der Skalenwerte für jede Frage berechnet und als gestapeltes Säulendiagramm visualisiert (Bild 10.3).

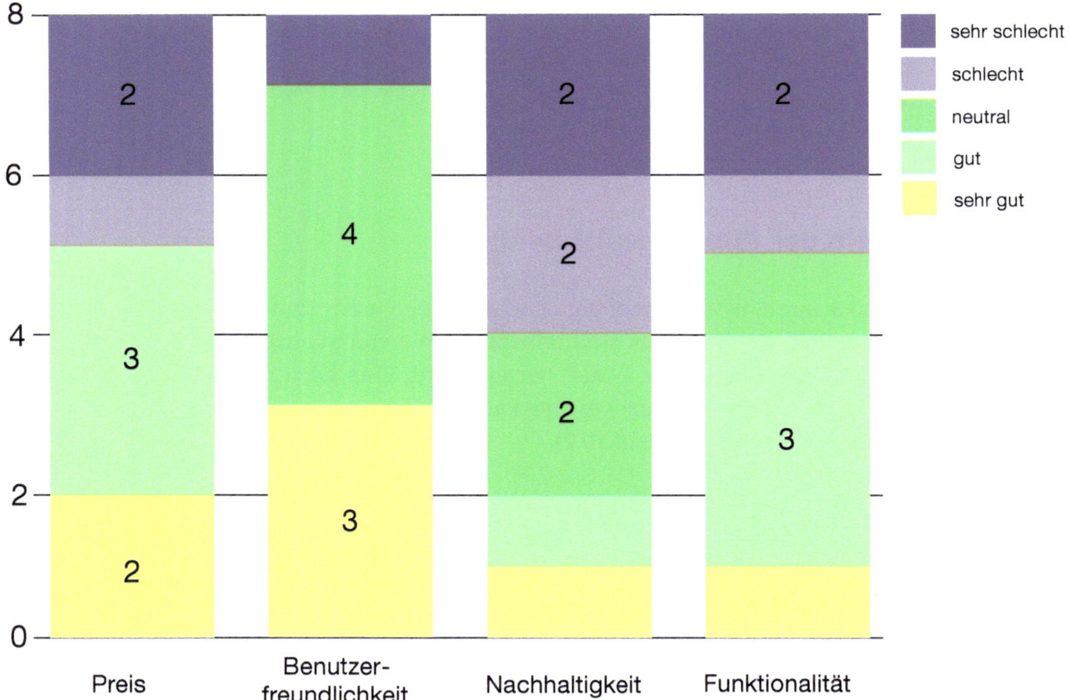

Bild 10.3 Beispiel eines gestapelten Säulendiagramms zur Visualisierung einer Kundenbewertung

Umsetzungshinweis

Bestimmen Sie im Team, welche Kundengruppen Sie zu welchen Inhalten über welche Medien befragen wollen. Führen Sie in regelmäßigen Abständen, z. B. einmal jährlich kurz vor der Ermittlung des NPS, Kundenbefragungen zu aktuell für Ihr Unternehmen relevanten Themen durch und werten Sie diese aus. Legen Sie bei Bedarf Maßnahmen zur Verbesserung der Kundenzufriedenheit fest.

Schritt: 9.2

Ermitteln der Kundenzufriedenheit

Mitwirkend: Kundenbetreuung

Zeitpunkt: Nach Markteintritt in regelmäßigen Abständen

Vorlagen: 04_Maßnahmenplan

10.2 Ermitteln der Normkonformität nach ISO 9001

ISO 9001:2015: Abschnitt 9.2

Nach Einführung des QMS nach ISO 9001 wird der Erfüllungsgrad der Normanforderungen regelmäßig mithilfe eines internen Qualitätsaudits überprüft. Eine wiederkehrende Überprüfung ist notwendig und sinnvoll, um zu gewährleisten, dass die Normanforderungen mit fortlaufender Zeit und sich vollziehenden Änderungen im Unternehmen erfüllt bleiben. Vor allem Start-up-Unternehmen sind von ständigen Neuerungen und Umbrüchen gezeichnet.

In Kapitel 9 wurden bereits das Lieferantenaudit und die verschiedenen Auditarten vorgestellt. Im Rahmen des internen Qualitätsaudits ermittelt das Unternehmen selbst, inwieweit es die gestellten Normanforderungen verwirklicht. Das interne Qualitätsaudit erfolgt nach derselben Vorgehensweise wie das Lieferantenaudit (s. Abschnitt 9.2.1.3).

Das interne Audit mit Fokussierung auf die Normanforderungen sollte mindestens alle drei Jahre durchgeführt werden (Koubek, 2015, S. 269). Es empfiehlt sich eine Durchführung vor dem Rezertifizierungsaudit, um Mängel vorher zu erkennen und zu beheben. Bei länger bestehenden etablierten QMS empfiehlt sich eine Fokussierung im Audit auf einzelne Produkte und Prozesse.

Auf Grundlage der Auditergebnisse müssen Maßnahmen bestimmt werden, um Lücken und Schwachstellen des QMS aufzuheben.

Umsetzungshinweis

Legen Sie in Ihrem Unternehmen einen Auditor fest, der für die Organisation, Durchführung und Auswertung interner Audits zuständig ist. Zu Beginn sollte es in Ihrem Start-up-Unternehmen am besten der QMB sein. Führen Sie in regelmäßigen Abständen, z. B. einmal jährlich, interne Audits in Ihrem Unternehmen durch. Bestimmen Sie nach Durchführung des Audits (wenn notwendig) Maßnahmen, um nicht oder unzureichend erfüllte Normabschnitte abzudecken.

Schritt: 9.3

Ermitteln der Normkonformität nach ISO 9001

Mitwirkend: Unternehmensführung

Zeitpunkt: Nach Aufbau und Einführung des QMS in regelmäßigen Abständen

Vorlagen: 04_Maßnahmenplan
31_Auditplan

10.3 Handhaben von Fehlern

ISO 9001:2015: Abschnitt 10.2

Ein Fehler wird als Nichterfüllung einer Qualitätsanforderung definiert (DIN, 2015a, S. 46). Der Umgang mit Fehlern wird im Allgemeinen auch als Fehlermanagement bezeichnet (Linß, 2018, S. 409). Fehler verursachen hohe Kosten, und je später sie entdeckt werden, desto höher fallen diese aus. Deshalb müssen fehlerhafte Produkte schnell und sicher durch Prüfungen identifiziert werden (s. Abschnitt 8.2).

Darüber hinaus sollen auftretende Fehler als Chance für operative und strategische Verbesserung verwendet werden (Brückner, 2021, S. 4–5). Deshalb wird das Fehlermanagement auch Verbesserungsmanagement genannt. Das Ziel ist es, Maßnahmen zu generieren, um das Auftreten des Fehlers zukünftig zu vermeiden.

Unterschieden wird zwischen dem internen und dem externen Fehlermanagement (Bild 10.4) (Linß, 2018, S. 409). Das interne Fehlermanagement befasst sich mit der Erfassung von Fehlern, die im Unternehmen durch Prüfungen festgestellt werden. Das externe Fehlermanagement regelt Reklamationen und Beschwerden von externen Kunden.

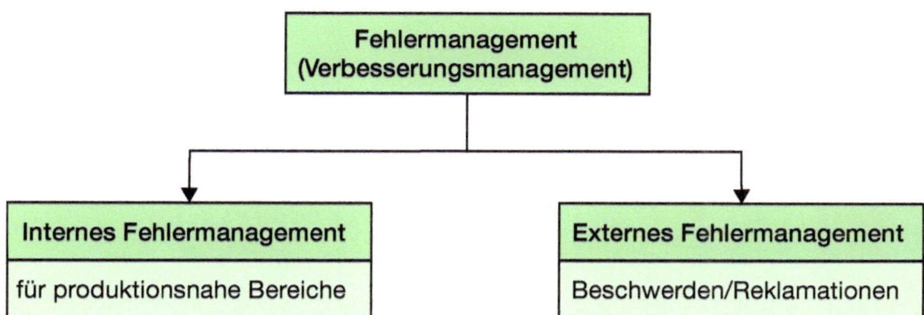

Bild 10.4 Internes und externes Fehlermanagement (in Anlehnung an: Linß, S. 410)

10.3.1 Analysieren interner Fehler

Die Fehlererfassung von im Unternehmen auftretenden Fehlern geschieht im Rahmen der definierten Prüfungen, wie in Abschnitt 8.2.5 beschrieben. Die Fehler werden durch die jeweiligen Prüfprotokolle erfasst und dokumentiert. Die Prüfprotokolle dienen bei der Fehlerauswertung als Grundlage.

Aus den protokollierten Fehlerdaten können verschiedene Qualitätskennzahlen berechnet werden (Linß, 2018). Eine bekannte Kennzahl stellt der Fehlerquotient FQ in PPM dar. PPM steht für *parts per million* (dt. Teile pro Million). Diese gibt an, wie viele Teile bei einer Million produzierter Einheiten defekt sein werden. Die Berechnung erfolgt über Formel 10.2.

$$FQ = \frac{n_F}{n_S} \cdot 1000000 \tag{10.2}$$

Mit

FQ: Fehlerrate in ppm (dt. Teile pro Millionen)

n_F: Anzahl entdeckter Fehler in untersuchter Stichprobe

n_S: Stichprobengröße

Darüber hinaus kann aus den Daten die relative Häufigkeit der jeweiligen Fehlerarten ermittelt werden. Somit werden die am häufigsten im Erfassungszeitraum aufgetretenen Fehler deutlich. Zur visuellen Darstellung kann ein Pareto-Diagramm verwendet werden (Linß, 2018, S. 174). Es basiert auf dem Prinzip, dass 80 % der aufgetretenen Einzelfehler auf 20 % der Fehlerarten zurückzuführen sind (Bild 10.5). Diese 20 % der Fehler sollen zuerst eliminiert werden.

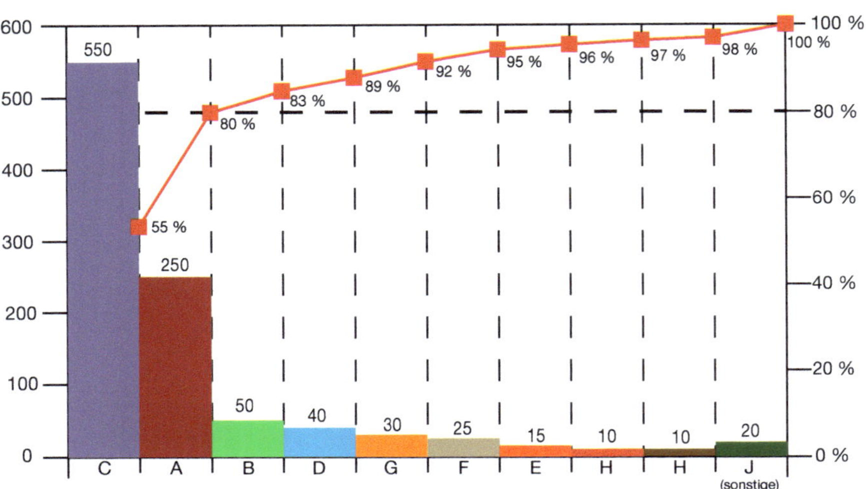

Bild 10.5 Beispiel für ein Pareto-Diagramm (in Anlehnung an: Brüggemann & Bremer, S. 21)

Je nach Häufigkeit und Klasse des Fehlers wird die Priorität bezüglich der Fehlerabstellung ermittelt. Die Fehlerabstellung erfolgt durch Korrekturmaßnahmen, die die dauerhafte Beseitigung der Fehlerursache zum Ziel haben. Hierzu ist es notwendig, die Fehlerursachen zu identifizieren.

Hierzu kann der A3-Report eingesetzt werden (Brückner, 2021, S. 134). Der A3-Report stellt ein Formblatt dar, über das das Problem, die Ausgangssituation und das Ziel ausführlich beschrieben sowie die Ursachenanalyse, die Abstellmaßnahmen und die Wirksamkeitskontrollen dokumentiert werden. Die Ursachenanalyse wird über das Ursache-Wirkungs-Diagramm (auch Ishikawa-Diagramm genannt) durchgeführt (Ishikawa, 1996, S. 25 – 26). Das Ursache-Wirkungs-Diagramm dient der Ermittlung von Ursachen zu einem definierten Problem (Bild 10.6).

Die Ursachen werden in Haupt- und Nebenursachen unterteilt. In der Regel werden innerhalb des Diagramms sieben Einflussfaktoren untersucht (Tabelle 10.1) (Brückner, 2021, S. 83).

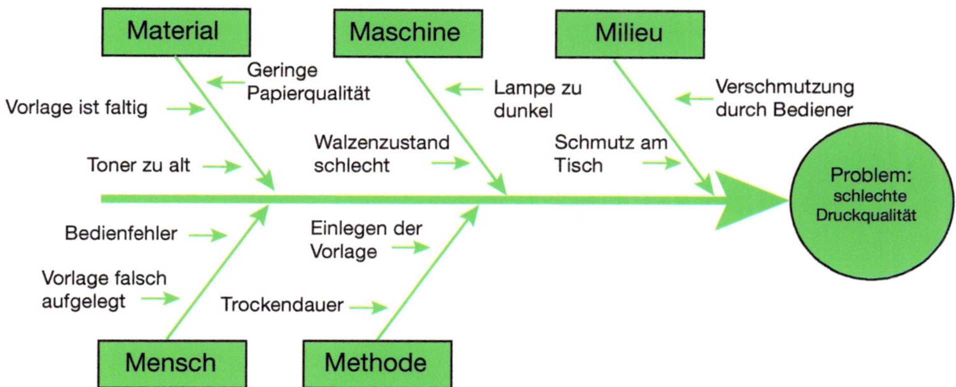

Bild 10.6 Beispiel für ein Ursache-Wirkungs-Diagramm für das Problem schlechte Druckqualität (Ishikawa, 1996, S. 25)

Tabelle 10.1 7M – Sieben Einflussfaktoren im Ursache-Wirkungs-Diagramm (in Anlehnung an: Brückner, 2021b, S. 83)

Einflussfaktor	Erläuterung
Management	Unternehmensgrundsätze, strategische Entscheidungen
Maschine	Werkzeuge, Geräte
Material	Werkstoffe, Rohmaterialien, Daten, Informationen
Methode	Arbeitsweise, Prozesse, Strukturen, Arbeitsumfeld
Mensch	Fähigkeiten und Verhalten
Messung	Eingesetzte Messmittel, Methoden
Mitwelt	Gesetzliche Vorschriften, Kundenverhalten, Konkurrenten

Bei der Ursachenanalyse ist die Anwesenheit sachkompetenter Personen von großer Bedeutung (Linß, 2018). Zuerst werden die übergeordneten Hauptursachen definiert. Dies können die Standardkategorien (Tabelle 10.1) oder auch spezifische Kategorien sein. Daraufhin werden weitere Nebenursachen ermittelt und auf Karten notiert. Diese werden den Hauptkategorien zugeordnet. Es ist zu prüfen, ob die Zusammenhänge vollständig, schlüssig und widerspruchsfrei sind.

Da mithilfe dieser Methode eine Vielzahl an Fehlermöglichkeiten gefunden wird, müssen diese priorisiert werden. Hierzu kann die in Abschnitt 3.2.2 erklärte Issue-Impact-Matrix angewandt werden. Für die Fehlerursachen hoher Priorität müssen Abstellmaßnahmen festgelegt und umgesetzt werden.

Umsetzungshinweis

Berechnen Sie die durchschnittliche Fehlerrate im Erfassungszeitraum. Führen Sie für häufig auftretende Fehler und kritische Fehler eine Ursachenanalyse mittel Ursache-Wirkungs-Diagramm durch. Definieren und planen Sie Abstellmaßnahmen für gefundene Fehlerursachen hoher Priorität und halten Sie diese im Maßnahmenplan fest.

Schritt: 9.4

Analysieren interner Fehler

Mitwirkend: Kundenbetreuung

Zeitpunkt: Nach Beginn der Produktion in regelmäßigen Abständen

Vorlagen: 04_Maßnahmenplan
25_Fehlerdatenbank
32_A3-Report

10.3.2 Analysieren der Kundenreklamationen

Reklamationen sind berechtigte Beschwerden des Kunden aufgrund der Nichterfüllung der vereinbarten Anforderungen (Linß, 2018, S. 477). Sie sind somit ein Zeichen schlechter Qualität. Reklamationen können als Indikator für die Unzufriedenheit von Kunden verwendet werden.

Umso wichtiger ist es, entstehende Reklamationen zurückzuverfolgen und zu dokumentieren. Hierzu wird eine Reklamationsdatenbank eingerichtet, in der alle Kundenreklamationen erfasst werden. Vor allem für Start-up-Unternehmen ist es bedeutend, Kundenreklamationen schnell zu bearbeiten, um einen positiven Einfluss auf die Beziehungen zu den ersten Kunden zu ermöglichen.

Die Reklamationsdatenbank enthält Informationen über den reklamierten Artikel, die Artikelnummer, die Artikelanzahl, das Kaufdatum, den beanstandeten Fehler, den Kunden, den Verkäufer und die Sofortmaßnahme. Aus den dokumentierten Reklamationen kann daraufhin die Reklamationsquote in % berechnet werden. Diese dient wie die Fehlerrate als Qualitätskennzahl und wird über Formel 10.3 berechnet.

$$Rq = \frac{n_R}{n_L} \cdot 100 \tag{10.3}$$

Mit
n_L: Anzahl der gesamten Lieferungen
n_R: Anzahl der Reklamationen
Rq: Reklamationsquote in Prozent

Die Fehlerbearbeitung erfolgt über den A3-Report (s. Abschnitt 10.3.1). Für die ermittelten möglichen Fehlerursachen hoher Priorität werden Maßnahmen zur Verhinderung der Ursachen festgelegt und geplant.

Bei Reklamationen sind schnellstmögliche Bearbeitungen notwendig. Für jede Reklamation muss eine Sofortmaßnahme durchgeführt werden. Das kann z. B. in Form einer Zusendung eines neuen Produktes, einer Reparatur oder einer Rückerstattung geschehen. Darüber hinaus kann es vorkommen, dass Reklamationen unberechtigt durch den Kunden geschehen, z. B. können beanstandete Fehler vom Kunden selbstverschuldet oder gar nicht am Produkt vorhanden sein. Auch diese Reklamationen müssen in der Datenbank erfasst sowie analysiert und Sofortmaßnahmen durchgeführt werden.

Umsetzungshinweis

Stellen Sie sicher, dass die Reklamationen in Ihrem Unternehmen gesammelt erfasst werden und schnellstmöglich mit dem Kunden eine Lösung gefunden wird. Analysieren Sie die beanstandeten Fehler mithilfe des A3-Reports. Definieren Sie Abstellmaßnahmen für die Fehlerursachen hoher Priorität. Berechnen Sie in regelmäßigen Abständen die Reklamationsquote.

Schritt: 9.5

Analysieren der Kundenreklamationen

Mitwirkend: Kundenbetreuung

Zeitpunkt: Nach Markteintritt laufend

Vorlagen: 04_Maßnahmenplan
32_A3-Report

10.4 Bewerten des Qualitätsmanagementsystems

ISO 9001:2015: Abschnitt 6.1, 6.3, 9.1.1, 9.1.3, 9.3, 10.1 und 10.3

Anders als im internen Audit, in dem die Erfüllung der Normanforderungen an das QMS des Unternehmens beurteilt wird, wird über die Managementbewertung die Leistung und Wirksamkeit des QMS bewertet. Wirksamkeit ist dabei das „Ausmaß, in dem geplante Tätigkeiten verwirklicht und geplante Ergebnisse erreicht werden" (DIN, 2015a, S. 32).

Leistung wird als „messbares Ergebnis" in qualitativer oder quantitativer Form definiert. Mit der Managementbewertung beurteilt die Unternehmensführung halbjährlich oder jährlich die Ergebnisse des QMS des Unternehmens.

10.4.1 Bewerten der Qualitätszielerreichung

Die Leistung des QMS wird als messbares Ergebnis aufgefasst, die anhand von Qualitätsaspekten wie z. B. Erfüllung der Kundenanforderungen, Fehlerfreiheit und Kundenzufriedenheit gemessen werden kann (Koubek, 2015, S. 257 – 258). Die festgelegten Qualitätsziele aus Abschnitt 4.4 dienen als Maßstab bei der Bewertung der Wirksamkeit des QMS. Das Unternehmen bestimmt die aus ihrer Sicht sinnvollen Datenquellen für die Bewertung.

Die Daten aus der Managementbewertung sollen im Unternehmen frei zugänglich sein. Es bietet sich an, die Ergebnisse in Bezug auf die Erfüllung der Qualitätsziele als übersichtliches Dashboard (Bild 10.7) zu visualisieren und über das schwarze Brett des Unternehmens zu verteilen.

Darüber hinaus sind die Qualitätsziele im Rahmen der Managementbewertung an aktuelle Gegebenheiten anzupassen oder zu ergänzen.

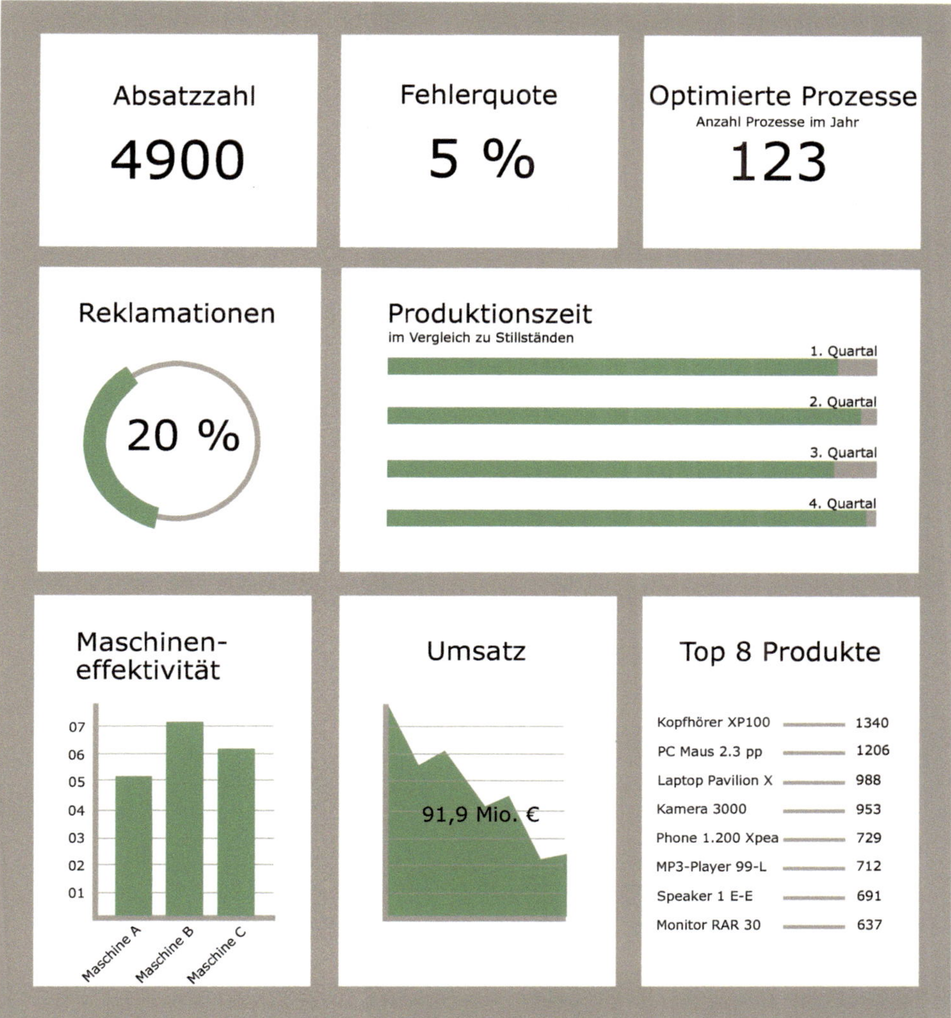

Bild 10.7 Beispiel für ein Kennzahlen-Dashboard

Umsetzungshinweis

Legen Sie fest, in welchen regelmäßigen Abständen Sie Managementbewertungen in Ihrem Unternehmen durchführen wollen.

Schritt: 9.6

Bewerten der Qualitätszielerreichung

Mitwirkend: Unternehmensführung

Zeitpunkt: Nach Geschäftsstart in regelmäßigen Abständen (z. B. einmal jährlich)

Vorlagen: 33_Managementbewertung

Sammeln Sie die notwendigen Daten, die Sie zur Bewertung der Erfüllung der Qualitätsziele benötigen, und werten Sie diese aus. Stellen Sie diese übersichtlich in einem Kennzahlen-Dashboard dar und verteilen Sie das Dashboard zur Information an alle Personen in Ihrem Unternehmen.

Diskutieren Sie im Team, ob neue oder abgeänderte Qualitätsziele oder Zielwerte festzulegen sind.

Dokumentierte Information/QMH

Dokumentieren Sie neue Qualitätsziele im QMH.

10.4.2 Überprüfen vorausgegangener Maßnahmen

Um die Wirksamkeit des QMS zu bewerten, soll die Umsetzung und Wirksamkeit festgelegter Maßnahmen der letzten Managementbewertung überprüft werden (Hinsch, 2019, S. 113 – 115). Wird entdeckt, dass geplante Maßnahmen nicht umgesetzt wurden, ist zu ermitteln, welche Ursache dem zugrunde liegt. Sind Maßnahmen umgesetzt, das Ziel der Maßnahme jedoch nicht erreicht worden, gilt die Maßnahme als nicht wirksam. Die Bewertung erfolgt über das Protokoll der Managementbewertung, und es sind Folgemaßnahmen zu definieren, mit denen die zuvor beabsichtigte Wirkung erzielt werden kann. Auch diese Maßnahmen sind in der darauffolgenden Managementbewertung auf ihre Umsetzung und Wirksamkeit zu überprüfen.

Umsetzungshinweis

Erörtern Sie im Rahmen der Managementbewertung, inwieweit die Maßnahmen, die in der letzten Managementbewertung festgelegt wurden, durchgeführt worden sind und die beabsichtigte Wirkung zeigen. Dokumentieren Sie die Bewertung der Umsetzung vorausgegangener Maßnahmen im Protokoll der Managementbewertung.

Schritt:	9.7
Überprüfen vorausgegangener Maßnahmen	
Mitwirkend:	Unternehmensführung
Zeitpunkt:	Nach Geschäftsstart in regelmäßigen Abständen (z. B. einmal jährlich)
Vorlagen:	04_Maßnahmenplan 33_Managementbewertung

Leiten Sie gegebenenfalls Folgemaßnahmen ein, um zuvor verfehlte Ziele zu fokussieren. Erfassen Sie die Maßnahmen im Maßnahmenplan.

10.4.3 Bewerten der Chancen und Risiken

Ein Risiko ist laut DIN (2015a, S. 45) „die Auswirkung von Ungewissheit" auf ein erwartetes Ergebnis. Die Auseinandersetzung mit Risiken kann mögliche negative Auswirkungen auf das Unternehmen verhindern, während Chancen die Möglichkeit für Verbesserungen und Innovationen bieten.

Chancen und Risiken ergeben sich aus den Rahmenbedingungen des Unternehmens. Hierzu zählen die in Abschnitt 3.2 und 3.3 behandelten internen und externen Themen sowie die interessierten Parteien. Im Rahmen der Managementbewertung sind die SWOT-Analyse und die Stakeholder-Mindmap aus Abschnitt 3.2 und 3.3 zu aktualisieren. Hierbei gilt es zu bewerten, ob und inwieweit sich die Rahmenbedingungen (s. Tabelle 3.4) oder die interessierten Parteien und ihre Anforderungen verändert haben. Aus diesen Informationen ist abzuleiten, welche Chancen und Risiken sich aus diesen Veränderungen ergeben. Diese sind wie in Abschnitt 3.2.2 beschrieben hinsichtlich ihrer Eintrittswahrscheinlichkeit und ihres Einflusses auf das Unternehmen in einer Issue-Impact-Matrix zu bewerten.

Wenn sich interne oder externe Themen des Unternehmens oder Anforderungen relevanter interessierter Parteien verändern, kann es notwendig sein, dass das QMS und seine Prozesse angepasst werden müssen. Damit die vorgenommenen Änderungen nicht die Integrität des QMS gefährden, müssen die Änderungen laut ISO 9001 geplant durchgeführt werden. Das bedeutet, es muss sichergestellt werden, dass die Fähigkeit, anforderungskonforme Produkte zu liefern, nicht eingeschränkt wird.

Jede Veränderungsidee am QMS muss vor der Durchführung auf folgende Aspekte geprüft werden:

- Grund der Änderung
- Auswirkung der Änderung
- Auswirkungen bei Nichtumsetzung der Änderung
- Betroffene Personen, Prozesse, Organisationseinheiten, Produkte
- Verfügbarkeit von Ressourcen

Werden die Auswirkungen einer Änderung am QMS als positiv für das Unternehmen eingestuft, soll diese durchgeführt werden. Hierfür sind die Verantwortungen und Befugnisse sowie die einzelnen Maßnahmen zu planen und im Maßnahmenplan zu dokumentieren. Zu beachten ist, dass alle direkt von der Veränderung betroffenen Personen zu informieren und alle Dokumente anzupassen sind.

Umsetzungshinweis

Erörtern Sie im Rahmen der Managementbewertung veränderte Rahmenbedingungen und dokumentieren Sie diese in Ihrer Unternehmensumfeldanalyse (s. Abschnitt 3.2 und Abschnitt 3.3), die Sie bereits vor Einführung des QMS erstellt haben. Bewerten Sie die sich ergebenden Risiken und Chancen auf einer Issue-Impact-Matrix. Dokumentieren Sie erkannte Chancen und Risiken sowie veränderte Rahmenbedingungen zudem in dem Protokoll der Managementbewertung.

Schritt: 9.8

Bewerten der Chancen und Risiken

Mitwirkend: Unternehmensführung

Zeitpunkt: Nach Geschäftsstart in regelmäßigen Abständen (z. B. einmal jährlich)

Vorlagen: 03_Unternehmensumfeldanalyse
04_Maßnahmenplan
33_Managementbewertung

Bestimmen Sie daraufhin notwendig gewordene Änderungen. Beurteilen Sie diese nach Ihren Auswirkungen und planen Sie bei Bedarf die Durchführung erforderlicher Maßnahmen zur Umsetzung der Veränderung. Dokumentieren Sie die Maßnahmen im Maßnahmenplan.

Dokumentierte Information/QMH: Themenbereich „Verbesserung des QM"

Beschreiben Sie in Ihrem QMH, wie und in welchen Abständen Sie die Kundenzufriedenheit ermitteln sowie interne Audits und Managementbewertungen durchführen. Geben Sie weiterhin an, in welchem Maße in Ihrem Unternehmen Chancen und Risiken behandelt werden.

Erläutern Sie zudem, wie Sie Fehler auswerten und analysieren sowie ihr Wiederauftreten verhindern.

Verlinken Sie an dieser Stelle im QMH alle dazugehörigen Dokumente. In Bezug auf diesen Leitfaden sind das folgende:

- Prozessbeschreibung „Internes Audit durchführen"
- Prozessbeschreibung „Managementbewertung durchführen"
- Prozessbeschreibung „Reklamation bearbeiten"
- Vorlage „A3-Report"
- Vorlage „Managementbewertung"

11 Zertifizieren des Qualitätsmanagementsystems

Die Zertifizierung stellt eine offizielle Bestätigung der Qualitätsfähigkeit des Unternehmens dar (Brüggemann & Bremer, 2020, S. 138). Bei der Zertifizierung des QMS wird durch eine national akkreditierte Zertifizierungsstelle geprüft, ob das QMS den zugrundeliegenden Regelwerken entspricht. Ist das Ergebnis der Überprüfung positiv, wird ein Zertifikat mit einer begrenzten Gültigkeitsdauer von drei Jahren von der Zertifizierungsstelle an das Unternehmen ausgestellt.

Das ausgestellte Zertifikat bezieht sich dabei auf das Managementsystem des Unternehmens und darf nicht in Verbindung mit den angebotenen Produkten verwendet werden (Linß, 2018, S. 161). Die Produktprüfung wird durch die Überprüfung des Systems ersetzt, da ein effektives QMS qualitative Produkte zur Folge hat. Häufig verlangen Kunden im B2B-Geschäft ein Zertifikat als Auftragsbedingung. Denn durch ein optimiertes QMS kann der Kunde unter Umständen auf erneute Wareneingangsprüfungen verzichten (Brunner & Wagner, 2016, S. 123).

Eine Zertifizierung des QMS sollte in Betracht gezogen werden, nachdem das QMS im Unternehmen etabliert wurde, es seit angemessener Zeit besteht, den Mitarbeitenden bekannt ist und bereits interne Audits durchgeführt wurden.

Zuständig für das Zertifizierungsvorhaben ist der QMB. Für eine Erstzertifizierung ist eine externe Qualitätsmanagementberatung zu empfehlen, die den Stand des QMS überprüft, um spätere Kosten durch Korrekturmaßnahmen oder Nachfolgeaudits zu vermeiden.

Weiterhin muss eine geeignete Zertifizierungsgesellschaft ausgewählt werden, die akkreditiert ist, das heißt deren Kompetenz formal und offiziell festgestellt wurde. Seit 2010 darf jeder EU-Mitgliedsstaat bundesweit nur über eine Akkreditierungsstelle verfügen. In Deutschland ist das die Deutsche Akkreditierungsstelle (DAkkS). Über die Onlinedatenbank der DAkkS können die Zertifizierungsstellen recherchiert werden. Die DQS, der TÜV und die DEKRA Certification GmbH sind hier als Beispiele zu nennen

(Brüggemann & Bremer, 2020, S. 142). Zudem ist zu beachten, dass nicht jede Zertifizierungsgesellschaft für jeden Wirtschaftsbereich spezialisiert ist (Linß, 2018). Weitere Kriterien bei der Auswahl der Zertifizierungsstelle stellen die Anerkennung durch nationale und internationale Kunden sowie die Zertifizierungskosten und Zertifikatserhaltungskosten dar (Brunner & Wagner, 2016). Die Zertifizierung läuft wie folgt ab:

Schritt 1: Selbstbeurteilung des Unternehmens

Vorab wird dem zu zertifizierenden Unternehmen eine Kurzfragenliste zugesandt (Brüggemann & Bremer, 2020, S. 139). Hiermit möchte sich die Zertifizierungsgesellschaft einen groben Überblick über die Normerfüllung innerhalb des Unternehmens verschaffen. Auf Grundlage der Selbsteinschätzung des Unternehmens entscheidet die Zertifizierungsstelle, ob das QMS des zu zertifizierenden Unternehmens für eine Zertifizierung ausgereift ist. Werden Mängel festgestellt, werden diese an das Unternehmen kommuniziert. Daraufhin muss das Unternehmen die Mängel beheben.

Schritt 2: Prüfung der Unterlagen

Im nächsten Schritt sendet das Unternehmen der Zertifizierungsgesellschaft relevante geforderte Unterlagen wie z. B. das QMH, Prozessbeschreibungen, Anweisungen und Nachweise (Brunner & Wagner, 2016, S. 123 – 127). Diese werden auf Vollständigkeit und Zweckmäßigkeit überprüft und bewertet.

Die Ergebnisse der Unterlagenprüfung werden dem Unternehmen in einem organisatorischen Vorgespräch kommuniziert, mindestens eine bis drei Wochen vor dem Zertifizierungsaudit (Brunner & Wagner, 2016, S. 123 – 127). Bei festgestellten Schwachstellen müssen diese bis zum Zertifizierungsaudit behoben werden. Weiterhin wird dem zu zertifizierenden Unternehmen der Fragenkatalog des Zertifizierungsaudits zur Vorbereitung auf das Audit zur Verfügung gestellt. Darüber hinaus wird das Unternehmen über den Auditablauf informiert.

Schritt 3: Zertifizierungsaudit im Unternehmen

Bei dem Zertifizierungsaudit wird anhand von detaillierten Fragen an die Mitarbeitenden und Führungskräfte des Unternehmens die Umsetzung der Normanforderungen ermittelt (Brüggemann & Bremer, 2020, 139 – 140). Der externe Auditor fasst die Ergebnisse des Audits in der Auditcheckliste oder einem Auditbericht zusammen. Diese werden nach der Auditdurchführung mit dem Unternehmen besprochen. Für festgestellte Schwachstellen muss das Unternehmen Korrekturmaßnahmen vorsehen. Bei schwerwiegenden Normabweichungen wird ein Nachaudit angesetzt, um die umgesetzten Korrekturmaßnahmen zu prüfen.

Schritt 4: Zertifikatserteilung

Wenn keine gravierenden Schwachstellen im QMS erkannt werden bzw. die erfolgreiche Umsetzung von Korrekturmaßnahmen im Nachaudit nachgewiesen wird, wird das Zertifikat dem Unternehmen von der Zertifizierungsstelle erteilt (Brunner & Wagner, 2016, S. 123 – 127).

Schritt 5: Überwachungsverfahren

Nach der Erstzertifizierung sind jährliche Überwachungsaudits durch die Zertifizierungsstelle notwendig (Brunner & Wagner, 2016, S. 123 – 127). Im Rahmen der Überwachungsaudits werden schwerpunktmäßig die Ergebnisse der internen Audits und die Umsetzung daraus abgeleiteter Korrekturmaßnahmen überprüft. Drei Jahre nach der Erstzertifizierung muss zur Erneuerung der Zertifizierung ein Rezertifizierungsaudit durchgeführt werden.

Die Kosten für die Zertifizierung variieren stark, abhängig von der Zertifizierungsgesellschaft, der Mitarbeiteranzahl und der zur Anwendung kommenden Normanforderungen. Eine Übersicht zur Grobeinschätzung bietet Tabelle 11.1.

Tabelle 11.1 Zertifizierungskosten nach Mitarbeiteranzahl (in Anlehnung an: Grosser)

Mitarbeiteranzahl	Kosten für die Erstzertifizierung in €	Kosten für die Überwachung in €	Kosten für die Rezertifizierung in €
1 - 5	1600 - 2000	900 - 1000	1000 - 1200
6 - 15	2000 - 2900	1000 - 1400	1200 - 2200
16 - 25	2900 - 3200	1400 - 2200	2200 - 2800
26 - 45	3200 - 4200	2200 - 2400	2800 - 3200
46 - 65	4200 - 5100	2400 - 2800	3200 - 4800
66 - 85	5100 - 6100	2800 - 3600	4800 - 5200
86 - 125	6100 - 7100	3600 - 3900	5200 - 6100
126 - 175	7100 - 8100	3900 - 4300	6100 - 7600

Umsetzungshinweis

Nehmen Sie bei Bedarf die Dienste einer externen Qualitätsmanagementberatung für den Zertifizierungszeitraum in Anspruch. Führen Sie ein internes Qualitätsaudit durch, um den Zustand der Umsetzung der ISO 9001 zu überprüfen. Informieren und schulen Sie Ihre Mitarbeitenden und die Führungskräfte bezüglich des Zertifizierungsaudits anhand von Beispielfragen.

Schritt: 10

Zertifizieren des Qualitätsmanagementsystems

Mitwirkend: Alle Personen im Unternehmen

Zeitpunkt: Nach Etablierung des QMS im Unternehmen (z. B. ein Jahr nach Einführung)

Legen Sie im Unternehmen fest, wer dem Audit beiwohnen soll. Im besten Fall sollen für den auditierten Bereich zuständige Mitarbeitende, der QMB und eine Führungskraft dem Zertifizierungsaudit beiwohnen.

12 Literatur

B2B International. *B2B Kundenzufriedenheit messen: Verbessern Sie die Bindung Ihrer Kunden und vermeiden Sie ihre Abwanderung. https://www.b2binternational.de/kernkompetenzen/losungen/customer-loyalty-research/.*

Bogott, N., Rippler, S. & Woischwill, B. (2017). *Im Startup die Welt gestalten: Wie Jobs in der Gründerszene funktionieren*. Springer. *https://doi.org/10.1007/978-3-658-14505-7.*

Brauweiler, J., Will, M. & Zenker-Hoffmann, A. (2015). *Auditierung und Zertifizierung von Managementsystemen: Grundwissen für Praktiker*. Springer.

Brückner, C. (2021). *Qualitätsmanagement und Fehlerkultur: Mit Fehlern gewinnbringend umgehen*. Hanser.

Brüggemann, H. & Bremer, P. (2020). *Grundlagen Qualitätsmanagement: Von den Werkzeugen über Methoden zum TQM* (3. Aufl.). Springer.

Bruhn, M. (2021). *Qualitätsmanagement für Non-Profit-Organisationen: Grundlagen – Planung – Umsetzung – Kontrolle* (2., überarb. und erw. Aufl.). Springer. *https://doi.org/10.1007/978-3-658-31719-5.*

Brunner, F. J. & Wagner, K. W. (2016). *Qualitätsmanagement: Leitfaden für Studium und Praxis* (6., überarb. Aufl.). Hanser. *https://doi.org/10.3139/9783446448407.*

Buchner, N. (1999). *Verpackung von Lebensmitteln: Lebensmitteltechnologische, verpackungstechnische und mikrobiologische Grundlagen*; mit 66 Tabellen. Springer.

Cembolista, A., Diekmann, S. & Nicolai, B. M. (2018). *Qualitätsmanagement in kleinen und mittleren Unternehmen: Untersuchungen zu einem Software-Konzept zur Unterstützung der Implementierung von Management-Standards und Normen in kleinen und mittleren Unternehmen der Lebensmittelbranche*. Flensburger Hefte zu Unternehmertum und Mittelstand. *http://hdl.handle.net/10419/177901.*

Compendio Bildungsmedien AG. (2005). *Teamführung. https://slideplayer.org/slide/14281314/.*

Deming, W. E. (2000). *Out of the crisis* (1. MIT Press ed.). The MIT Press.

Deutsche Gesellschaft für Qualität e. V. (2009). *Managementsysteme: Begriffe*. DGQ-Band, 11(04).

DGQ. (2002). *Annahmestichprobenprüfung anhand der Anzahl fehlerhafter Einheiten oder Fehler: Verfahren und Tabellen nach DIN ISO 2859-1*. Beuth Verlag.

DIN (1983). *Informationsverarbeitung: Sinnbilder und ihre Anwendung* (DIN 66001:1983-12). Beuth Verlag.

DIN (1995). *Grundbegriffe der Messtechnik (DIN 1319-1:1995-01)*. Beuth Verlag.

DIN (2006). *Analysetechniken für die Funktionsfähigkeit von Systemen: Verfahren für die Fehlzustandsart- und -auswirkungsanalyse (FMEA) (DIN EN 60812:2006)*. Beuth Verlag.

DIN (2014). *Annahmestichprobenprüfung anhand der Anzahl fehlerhafter Einheiten oder Fehler (Attributprüfung): Teil 1: Nach der annehmbaren Qualitätsgrenzlage (AQL) geordnete Stichprobenpläne für die Prüfung einer Serie von Losen (DIN ISO 2859-1)*. Beuth Verlag.

DIN (2015a). *Qualitätsmanagementsysteme – Grundlagen und Begriffe (DIN EN ISO 9000:2015)*. Beuth Verlag.

DIN (2015b). *Qualitätsmanagementsysteme: Anforderungen (DIN EN ISO 9001:2015)*. Beuth Verlag.

DIN (2016). Verfahren für die Stichprobenprüfung anhand quantitativer Merkmale (Variablenprüfung): Teil 1: Spezifikation für Einfach-Stichprobenanweisungen für losweise Prüfung, geordnet nach der annehmbaren Qualitätsgrenzlage_(AQL) für ein einfaches Qualitätsmerkmal und einfache AQL (ISO_3951-1:2013); Text Deutsch und Englisch (DIN ISO 3951-1:2016-06). Beuth Verlag.

Drees, J., Lang, C. & Schöps, M. (2017). *Praxisleitfaden Projektmanagement: Tipps, Tools und Tricks aus der Praxis für die Praxis* (2., überarb. Aufl.) (1. Nachdruck der 2. Aufl. von 2014). Hanser.

Duden. Business-to-Business, das. Duden Verlag. *https://www.duden.de/rechtschreibung/Business_to_Business#close-cite*.

Eberspächer, M. (2015). *Qualitätsmaßnahmen entwickeln nach dem Good-enough-Prinzip: Teil 2: Qualitätsziele ableiten, KPIs festlegen sowie Maßnahmen planen und umsetzen. https://www.projektmagazin.de/artikel/qualitaetsmassnahmen-entwickeln-nach-dem-good-enough-prinzip-teil-2_1099991*.

EFQM. (2021). *Das EFQM-Modell: Enthält ergänzende Informationen zu Anwendungsbeispielen, RADAR und Bewertungsprofilen*. EFQM.

El Ghazi, M. (2019). *Statistische Versuchsplanung für Einsteiger. https://www.researchgate.net/publication/336286514_Statistische_Versuchsplanung_fur_Einsteiger*.

Füermann, T. (2014). *Prozessmanagement: Kompaktes Wissen – Konkrete Umsetzung – Praktische Arbeitshilfen*. Hanser. *https://doi.org/10.3139/9783446437685*.

Geiger, W. & Kotte, W. (2008). *Handbuch Qualität: Grundlagen und Elemente des Qualitätsmanagements: Systeme – Perspektiven* (5. Aufl.). Springer.

Grosser, H. *Kosten für den Zertifizierer. https://www.iso9001.info/zertifizierung/kosten/*.

Helbig, W. (2021). *Praxiswissen in der Messtechnik: Arbeitsbuch für Techniker, Ingenieure und Studenten*. Springer.

Hernla, M. (1996). „Messunsicherheit und Fähigkeit: Eine Übersicht für die betriebliche Praxis". In: *Qualität und Zuverlässigkeit* (41), 1156–1162.

Herrmann, J. & Fritz, H. (2021). *Qualitätsmanagement: Lehrbuch für Studium und Praxis* (3., akt. und erw. Aufl.). Hanser.

Hinsch, M. (2019). *Die ISO 9001* (3rd ed.). Springer.

Horner, J. & Grabski, C. (2020). *ISO-Zertifizierung und/oder EFQM-Anerkennung – das richtige Modell wählen. Stiftung ESPRIX Excellence Suisse. https://esprix.ch/iso-9001-efqm-2020/*.

Ishikawa, K. (1996). *Guide to quality control* (13. print). Asian Productivity Organization.

Jakoby, W. (2019). *Qualitätsmanagement für Ingenieure: Ein praxisnahes Lehrbuch für die Planung und Steuerung von Qualitätsprozessen*. Springer.

Jobs, G. (2016). *Grundwissen Qualitätsmanagement: Qualitätslehre in der beruflichen Bildung* (4., nach DIN ISO 9001:2015 überarb. Aufl.). Feldhaus.

Kamiske, G. F. (Hrsg.). (2015). *Handbuch QM-Methoden: Die richtige Methode auswählen und erfolgreich umsetzen* (3., akt. und erw. Aufl.). Hanser.

Kamiske, G. F. & Brauer, J.-P. (2021). *ABC des Qualitätsmanagements: Erläuterungen moderner Begriffe des Qualitätsmanagements* (5. Aufl.). Pocket-Power: Bd. 5. Hanser.

Kano, N., Seraku, N., Takahashi, F. & Tsuji, S. (1984). „Attractive and Must-be Quality". In: *Journal of the Japanese Society for Quality Control* (14), Artikel 2, 147–156.

Koubek, A. (2015). Praxisbuch ISO 9001:2015: *Die neuen Anforderungen verstehen und umsetzen*. Hanser.

Kuster, J., Huber, E., Lippmann, R., Schmid, A., Schneider, E., Witschi, U. & Wüst, R. (2008). *Handbuch Projektmanagement* (2., überarb. Aufl.). Springer.

LamaPoll. *Methoden der Kundenzufriedenheitsmessung. https://www.lamapoll.de/Kundenzufriedenheit/Kundenzufriedenheitsmessung-Methoden#3.*

Lindemann, U. (Hrsg.). (2016). *Handbuch Produktentwicklung*. Hanser. *https://doi.org/10.3139/9783446445819.*

Linß, G. (2018). *Qualitätsmanagement für Ingenieure* (4. Aufl.). Hanser. *https://doi.org/10.3139/9783446439368.*

Lungershausen, L. (2021). *Innovation Plug & Play: 99 ½ effiziente Tools für Kreativität, neue Produkte und Services*. MITP.

Martins, J. (2021). *5 Tipps zur Formulierung überzeugender Unternehmenswerte, die Ihre einzigartige Unternehmenskultur widerspiegeln*. Asana. *https://asana.com/de/resources/company-values-examples.*

Marxer, M., Bach, C. & Keferstein, C. P. (2021). *Fertigungsmesstechnik: Alles zu Messunsicherheit, konventioneller Messtechnik und Multisensorik* (10. Aufl.). Springer.

Mendelow, A. L. (1981). „Environmental Scanning: The Impact of the Stakeholder Concept". In: *ICIS Proceedings* (20).

Miro. *Stakeholder Map Template. https://miro.com/templates/stakeholder-map/.*

Neumann, M. (2016). *Wie Start-ups scheitern: Theoretische Hintergründe und Fallstudien innovativer Unternehmen*. Springer.

Nussbaumer, G. *Unternehmensvision in 12 Schritten finden und formulieren*. Mental Power Int. GmbH. *https://mentalpower.ch/ratgeber/unternehmensvision-finden-und-formulieren/.*

Onlinemarketing-Praxis. *Suchmaschinenwerbung im B2B – Zielgruppe, Strategie und Ziele. https://www.onlinemarketing-praxis.de/suchmaschinenwerbung/suchmaschinenwerbung-im-b2b-zielgruppe-strategie-und-ziele.*

Padberg, K. H. & Wilrich, P.-T. (1981). „Die Auswertung von Daten und ihre Abhängigkeit von der Merkmalsart". In: *Qualität und Zuverlässigkeit* 26(6).

Pfeufer, H.-J. (2021). *FMEA – Fehler-Möglichkeits- und Einfluss-Analyse nach AIAG und VDA* (2. Aufl.). Hanser.

QZ-online. *Die Qualitätsregelkarte: Prozesse fortlaufend beobachten*. Hanser. *https://www.qz-online.de/a/grundlagenartikel/article-316052.*

Repetico GmbH. (2022). *Organisation eines Hotelbetriebes*. Repetico GmbH. *https://www.repetico.de/card-82328270.*

RUAG MRO Holding AG. *Der RUAG Verhaltenskodex. https://www.ruag.ch/de/ueber-uns/ueber-uns/compliance/klare-werte-und-prinzipien-unser-verhaltenskodex.*

Scheibeler, A. A. W. & Scheibeler, F. (2019). *Easy ISO 9001:2015 für kleine Unternehmen* (2., vollst. überarb. Aufl.). Hanser.

Shingo, S [Shigeo] & Shingo, S [Shigoe] (1986). *Zero Quality Control: Source Inspection and its Poka-Yoke System*. Productivity Pr.

Siebertz, K., van Bebber, D. & Hochkirchen, T. (2017). *Statistische Versuchsplanung: Design of Experiments (DoE)* (2. Aufl.). VDI-Buch. Springer. *https://doi.org/10.1007/978-3-662-55743-3.*

VDW (2021). *Prüfkatalog für Verpackungen aus Wellpappe: Prüfmerkmale und Fehlerbewertung für Packmittel aus Wellpappe*. Verband der Wellpappen-Industrie e. V.

Weidner, G. E. (2020). *Qualitätsmanagement: Kompaktes Wissen, konkrete Umsetzung, praktische Arbeitshilfen* (3., überarb. Aufl.). Hanser.

13 Abkürzungen und Symbole

13.1 Abkürzungsverzeichnis

AQL	Acceptable Quality Level (dt. annehmbare Qualitätsgrenzlage)
B2B	Business-to-Business (dt. Geschäftsbeziehung zwischen zwei oder mehr Unternehmen)
B2C	Business-to-Consumer (dt. Geschäftsbeziehung zwischen Unternehmen und Privatpersonen)
CAQ	Computer Aided Quality (dt. rechnergestützte Qualität)
DIN	Deutsches Institut für Normung e. V.
DQS	Deutsche Gesellschaft zur Zertifizierung von Qualitätssicherungssystemen
EFQM	European Foundation for Quality Management (dt. Europäische Stiftung für Qualitätsmanagement)
EN	Europäische Norm
FMEA	Fehlermöglichkeits- und -einflussanalyse
ISO	International Standards Organization (dt. Internationale Organisation für Normung)
KPI	Key Performance Indicator (dt. Schlüsselkennzahl)
PDCA	Plan – Do – Check – Act (dt. planen – ausführen – überprüfen – anpassen)

PPAP	Production Part Approval Process (dt. Produktionsteil-Freigabeverfahren)
QMB	Qualitätsmanagementbeauftragter
QMH	Qualitätsmanagementhandbuch
QMS	Qualitätsmanagementsystem
QRK	Qualitätsregelkarte
QVS	Qualitätssicherungsvereinbarung
SMART	Spezifisch – Messbar – Attraktiv – Realistisch – Terminiert
SPC	Statistical Process Control (dt. Statistische Prozesskontrolle)
SVP	Statistische Versuchsplanung
SWOT	Strengths – Weaknesses – Opportunities – Threats (dt. Stärken – Schwächen – Chancen – Risiken)
TQM	Total Quality Management (dt. umfassendes Qualitätsmanagement)

13.2 Symbolverzeichnis

A	Auftretenswahrscheinlichkeit
Ac	Annahmezahl
B	Bedeutung der Fehlerfolge für Gesamtprodukt
c_g	Prüfmittelfähigkeitsindex für die Wiederholbarkeit
c_{gk}	Prüfmittelfähigkeitsindex für die Genauigkeit
c_p	Streuungsindex der Langzeitfähigkeit
c_{pk}	Niveauindex der Langzeitfähigkeit
E	Entdeckungswahrscheinlichkeit der Fehlerursache vor Auslieferung
$E_{\mathbf{x}_i}$	Effekt des Faktors x_i
FQ	Fehlerquotient
k	Annahmefaktor

K	Kritiker in %
n_E	Anzahl der Einflussfaktoren
n_k	Anzahl der Stichproben im Prozessverlauf
n_L	Anzahl der Lieferungen
n_R	Anzahl der Reklamationen
n_S	Stichprobengröße
n_V	Anzahl der Versuche
n_W	Anzahl der Wertestufen
NPS	Net Promoter Score (dt. Promotorenüberhang)
OEG	Obere Eingriffsgrenze
OTG	Obere Toleranzgrenze
OWG	Obere Warngrenze
P	Promotoren in %
p_p	Streuungsindex der vorläufigen Prozessfähigkeit
p_{pk}	Niveauindex der vorläufigen Prozessfähigkeit
PPM	Fehlerrate in ppm (dt. Teile pro Million)
Q	Qualitätszahl
Q_{RO}	Qualitätszahl für die OTG nach der R-Methode
Q_{RU}	Qualitätszahl für die UTG nach der R-Methode
Q_{sO}	Qualitätszahl für die OTG nach der s-Methode
Q_{sU}	Qualitätszahl für die UTG nach der s-Methode
$Q_{\sigma O}$	Qualitätszahl für die OTG nach der σ-Methode
$Q_{\sigma U}$	Qualitätszahl für die UTG nach der σ-Methode
R	Spannweite der Stichprobe
$\overline{R}$	Mittellinie der Spannweite
Re	Rückweisezahl
R_k	Spannweite der letzten Stichprobe im Prozessverlauf
RPZ	Risikoprioritätszahl

Rq	Reklamationsquote
s_i	Standardabweichung der Stichprobe i
UEG	Untere Eingriffsgrenze
UTG	Untere Toleranzgrenze
UWG	Untere Warngrenze
$\overline{x}$	Arithmetisches Mittel der Messwerte
$\overline{\overline{x}}$	Mittellinie des arithmetischen Mittels
x_{max}	Höchster Messwert der Stichprobe
x_{min}	Niedrigster Messwert der Stichprobe
x_i	i-ter Messwert
x_{Normal}	Wahrer Wert des Normals
$\overline{y}_{x_i(+)}$	Mittelwert der Messergebnisse, bei denen Faktor x_i die Wertestufe „+“ besitzt
$\overline{y}_{x_i(-)}$	Mittelwert der Messergebnisse, bei denen Faktor x_i die Wertestufe „–“ besitzt
σ	Standardabweichung des Prozesses
$\hat{\sigma}$	Schätzwert für die Standardabweichung des Prozesses

14 Dateien zum Download

14.1 Vorlagen

01_Qualitätsmanagementhandbuch
02_Projektzeitplan
03_Unternehmensumfeldanalyse
04_Maßnahmenplan
05_Qualitätsziele
06_Prozesslandkarte
07_Prozessbeschreibung
08_Funktionendiagramm
09_Stellenprofil
10_Kommunikationsmatrix
11_Schulungsplan
12_Bewerberliste
13_Einarbeitungsplan
14_Casebook
15_Lastenheft
16_Entwicklungsbericht
17_Pflichtenheft
18_Verifizierungs- und Validierungsplan
19_Arbeitsplan
20_Produktionsplan

21_Produktionsbericht
22_FMEA
23_Prüfplan
24_Prüfmittelliste
25_Fehlerdatenbank
26_Fehlerkatalog
27_Prüfmittelkartei
28_Lieferantenmatrix
29_Produktionsteil-Freigabe
30_QVS
31_Auditplan
32_A3-Report
33_Managementbewertung

14.2 Checkliste für Ihr Qualitätsmanagementsystem

Unternehmen:
QMB:
Projektstart:
Vsl. Projektende:

Nr.	Bezeichnung	Verantw.	Datum	✓
1	**Projektvorbereitung und -koordination**			
1.1	Festlegen der Projektkoordination			☐
1.2	Erstellen des Projektzeitplanes			☐
1.3	Durchführen des Kick-Off-Meetings			☐
1.4	Schulen der Projektbeteiligten			☐

2	**Unternehmen und Umfeld**			
2.1	Definieren der strategischen Ausrichtung			☐
2.2	Definieren der Unternehmensvision			☐
2.3	Definieren der Unternehmens-mission			☐
2.4	Definieren der Unternehmenswerte			☐
2.5	Definieren der Zielgruppe			☐
2.6	Ermitteln interner und externer Themen			☐
2.7	Priorisieren interner und externer Themen			☐
2.8	Ermitteln der Interessensgruppen			☐
2.9	Priorisieren der Interessensgruppen			☐

3	**Rahmen des Qualitätsmanagementsystems**			
3.1	Ermitteln beabsichtigter Ergebnisse			☐
3.2	Bestimmen der Qualitätsposition			☐
3.3	Formulieren der Qualitätspolitik			☐
3.4	Festlegen der Qualitätsziele			☐
3.5	Festlegen des Anwendungsbereiches			☐

4	**Prozesse im Unternehmen**			
4.1	Erstellen der Prozesslandkarte			☐
4.2	Definition der Teilprozesse			☐
4.3	Beschreiben der Prozesse			☐

5	Personen im Unternehmen	
5.1	Zuordnen der Aufgabengebiete	☐
5.2	Beschreiben der Tätigkeiten	☐
5.3	Erarbeiten des Führungsleitbildes	☐
5.4	Erarbeiten des Verhaltenskodexes	☐
5.5	Regeln der Kommunikation	☐
5.6	Dokumentieren der Kommunikation	☐
5.7	Regeln der E-Mail-Kommunikation	☐
5.8	Entwickeln der Personen	☐
5.9	Rekrutieren und Einarbeiten der Personen	☐
5.10	Dokumentieren von Wissen	☐

6	Qualitätsmanagement in der Produktentwicklung	
6.1	Festlegen der Entwicklungsphasen	☐
6.2	Steuern des Produktentwicklungs-prozesses	☐
6.3	Dokumentieren des Produkt-entwicklungsprozesses	☐
6.4	Planen der Ressourcen während der Entwicklung	☐
6.5	Handhaben von Änderungen während der Entwicklung	☐
6.6	Ermitteln der Kundenanforderungen	☐
6.7	Ermitteln der Anforderungen weiterer interessierter Parteien	☐
6.8	Priorisieren der Anforderungen	☐
6.9	Umsetzen der Anforderungen	☐
6.10	Verifizieren der Produktlösung	☐
6.11	Validieren der Produktlösung	☐

7	**Qualitätsmanagement im Produktrealisierungsprozess**			
7.1	Planen des Produktrealisierungs-prozesses			☐
7.2	Ermitteln optimaler Produktions-einstellungen			☐
7.3	Untersuchen der Prozessfähigkeit			☐
7.4	Festlegen der Prüfobjekte und -merkmale			☐
7.5	Festlegen der Prüfstrategie			☐
7.6	Festlegen der Prüfmittel			☐
7.7	Erfassen der Prüfdaten			☐
7.8	Dokumentieren der durchzu-führenden Prüfungen			☐
7.9	Prüfen der Eignung der Prüfmittel			☐
7.10	Erfassen und Verwalten der Prüfmittel			☐
7.11	Überprüfen der Prüfmitte			☐
7.12	Überwachen der Produktion			☐

8	**Qualitätsmanagement in der Beschaffung**			
8.1	Auswählen der Lieferanten			☐
8.2	Einrichten des Produktionsteil-Freigabeverfahrens			☐
8.3	Einrichten der Wareneingangs-prüfungen			☐
8.4	Bestimmen der Qualitätssicherungs-vereinbarung			☐
8.5	Auditieren der Lieferanten			☐
8.6	Bewerten der Lieferanten			☐

9	**Verbesserung des Qualitätsmanagementsystems**			
9.1	Ermitteln der Weiterempfehlungsbereitschaft			☐
9.2	Ermitteln der Kundenzufriedenheit			☐
9.3	Ermitteln der Normkonformität nach ISO 9001			☐
9.4	Analysieren interner Fehler			☐
9.5	Analysieren der Kundenreklamationen			☐
9.6	Bewerten der Qualitätszielerreichung			☐
9.7	Prüfen vorausgegangener Maßnahmen			☐
9.8	Bewerten der Chancen und Risiken			☐

10	**Zertifizieren des Qualitätsmanagementsystems**			☐

15 Autor:innen

Florian Ebinger studierte Verpackungstechnik an der Hochschule der Medien in Stuttgart und Polymer Technology an der Hochschule Aalen. In seiner beruflichen Laufbahn entwickelte und betreute er bei SCHOTT Pharma und Roche Diagnostics hochwertige Verpackungslösungen für die pharmazeutische Industrie. Er ist Mitgründer des 2021 gegründeten Verpackungs-Start-ups EVOPACK, welches nachhaltige Verpackungskonzepte für die chemische Industrie entwickelt. Sein Tätigkeitsschwerpunkt bei EVOPACK liegt auf der Entwicklung von Verpackungslösungen sowie dem Aufbau des Qualitätsmanagementsystems. Um direkt von Beginn an qualitativ hochwertige Verpackungslösungen zu produzieren, wurde der Aufbau eines Qualitätsmanagementsystems von Anfang an mit hoher Priorität bedacht. Das Ergebnis der Arbeit ist dieser Leitfaden.

Nadine Voll ist Verpackungsingenieurin und -designerin. Während ihrer Masterarbeit bei dem Start-up-Unternehmen EVOPACK setzte sie sich intensiv mit dem Thema Qualitätsmanagement auseinander. Mit dem vorliegenden Werk hilft sie Unternehmen, auf einfache Art und Weise ein QMS zu entwickeln.

16 Index

F

G

I

K

L

M

N

O

R

S

T

U

V

W

Z